日本産
ベニクラゲ類

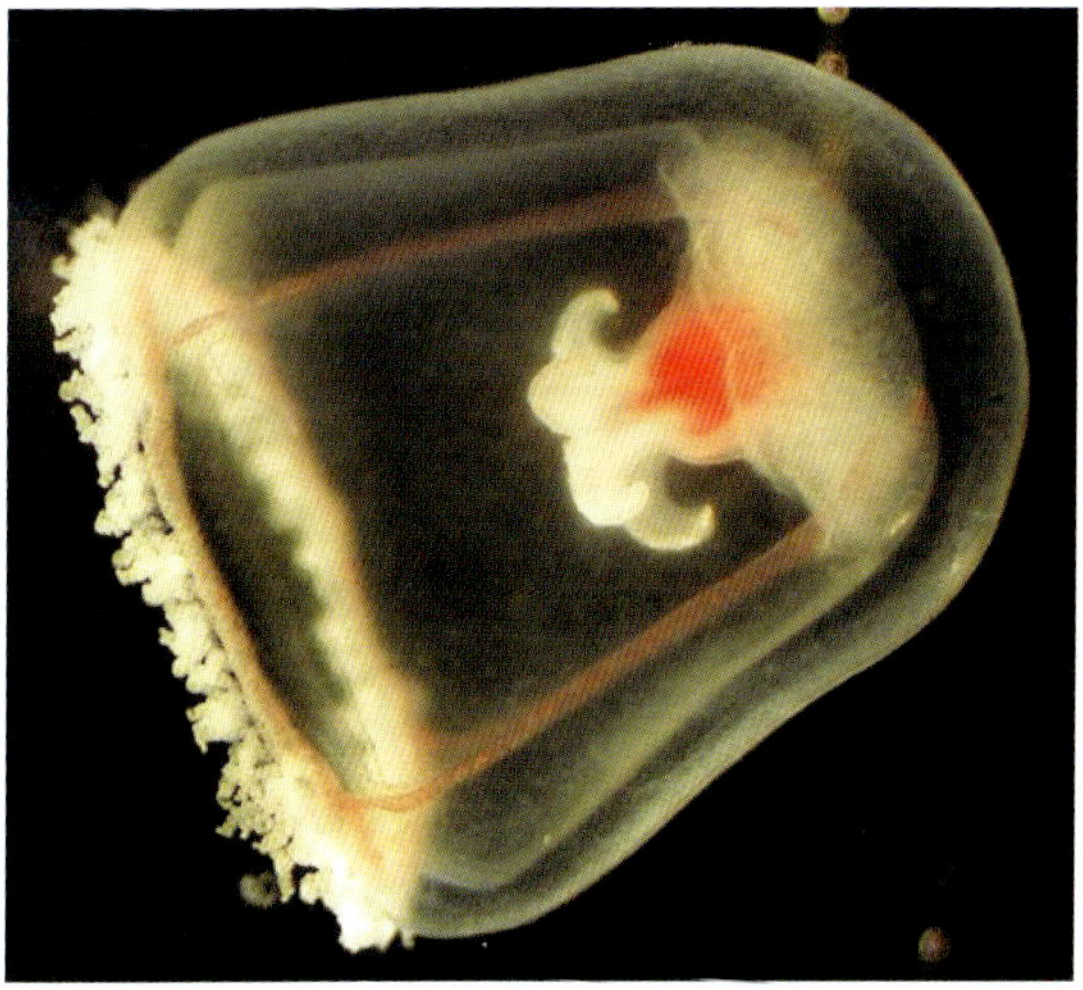

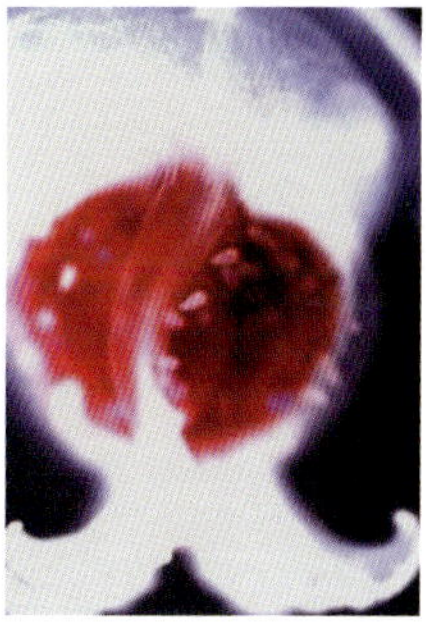

1. 北日本産で大型のベニクラゲ

紅色の口柄が特徴（左）。大きさはおとなで直径1センチ前後で、数環列の触手を持つ。メス親は、少しでも多くの子孫を残すため、受精卵がプラヌラ幼生に成長するまで口柄で保育し続ける（上）。

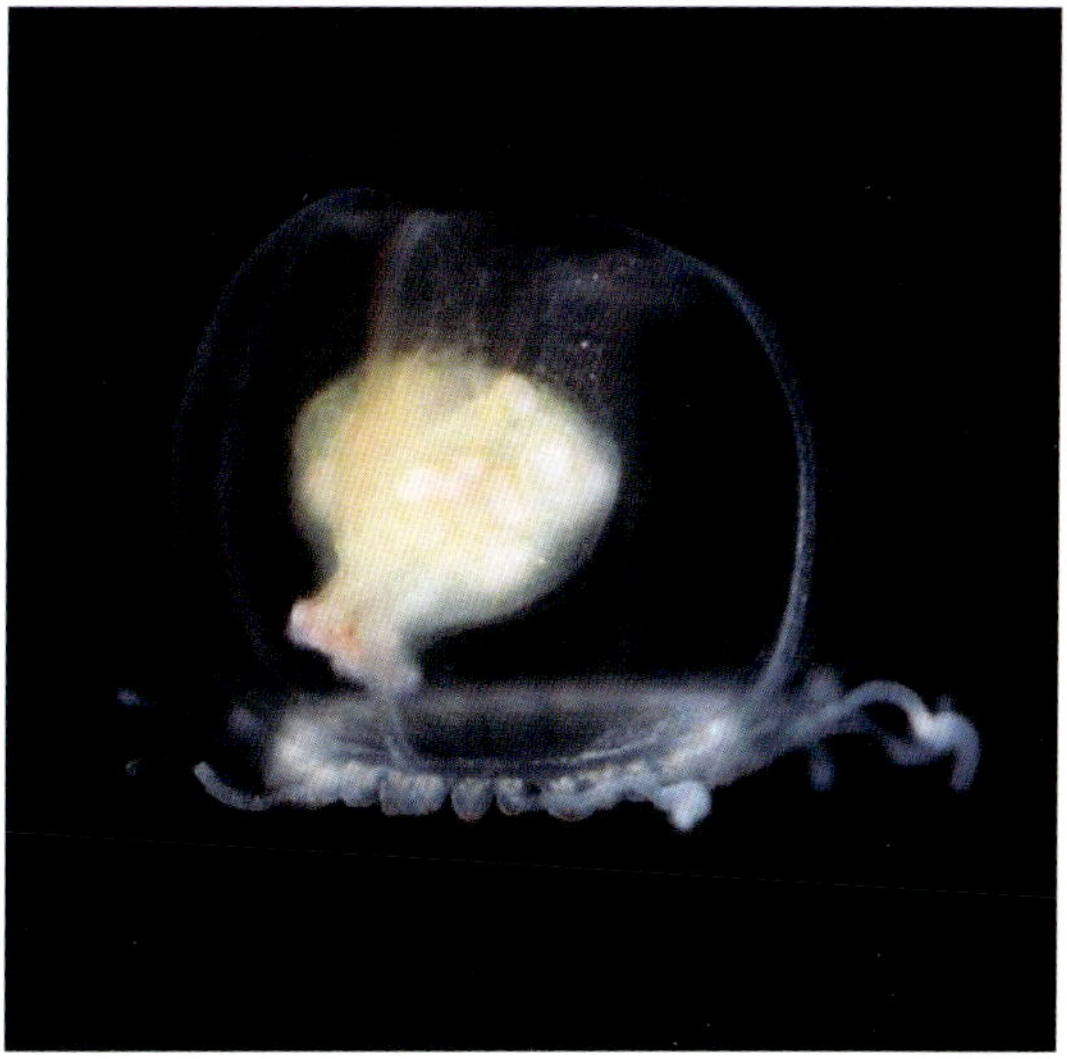

2. 南日本産で小型のベニクラゲ

おとなでも直径数ミリ程度の大きさにしかならない。傘縁に触手が1列に並ぶのが特徴。メス親は卵を海中に産みっぱなしにする。

ベニクラゲの成長

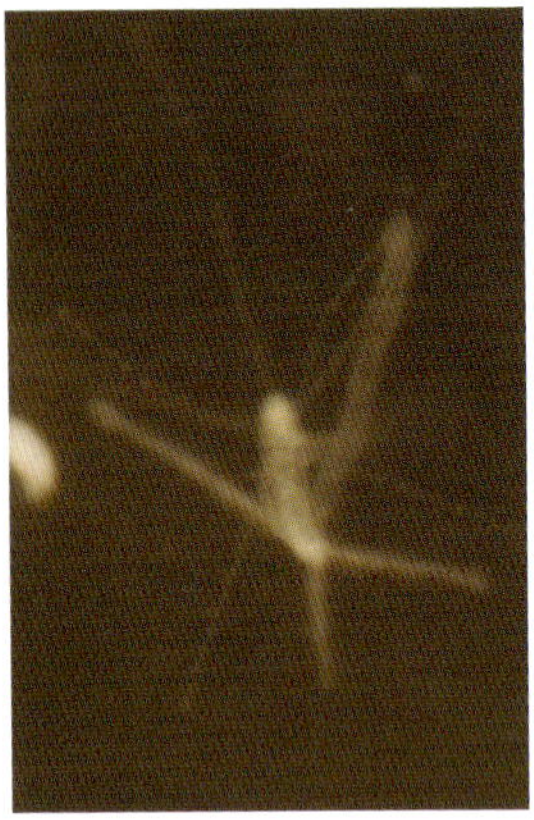

4. ベニクラゲの初期ポリプ

プラヌラ幼生が固い場所に付着すると、ポリプとなって根を伸ばし、茎と花を形づくっていく。

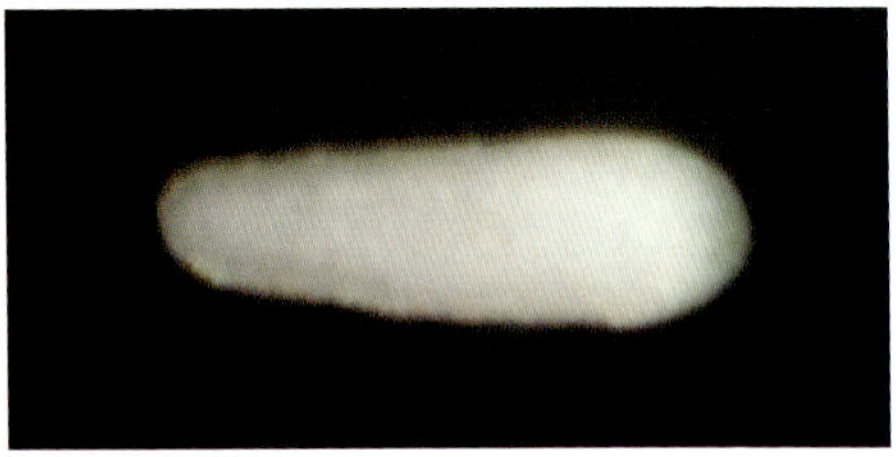

3. ベニクラゲのプラヌラ幼生

楕円体で毛だらけの体つきをしている。海中を時計回りにゆっくり回転しながら浮遊する。

5. 繁茂したベニクラゲのポリプの群体

ベニクラゲのポリプは、無性生殖でクローンをつくり、つながり合って群体を形成する。

6. ベニクラゲのポリプがクラゲ芽を形成

暖かい時期になると、ポリプには将来クラゲとなる「クラゲの実」がたわわに実る。

7. 若いベニクラゲ

ポリプから離れて独り立ちしたクラゲは、
海中を浮遊するプランクトンを食べておとなになっていく。

ベニクラゲの若返り

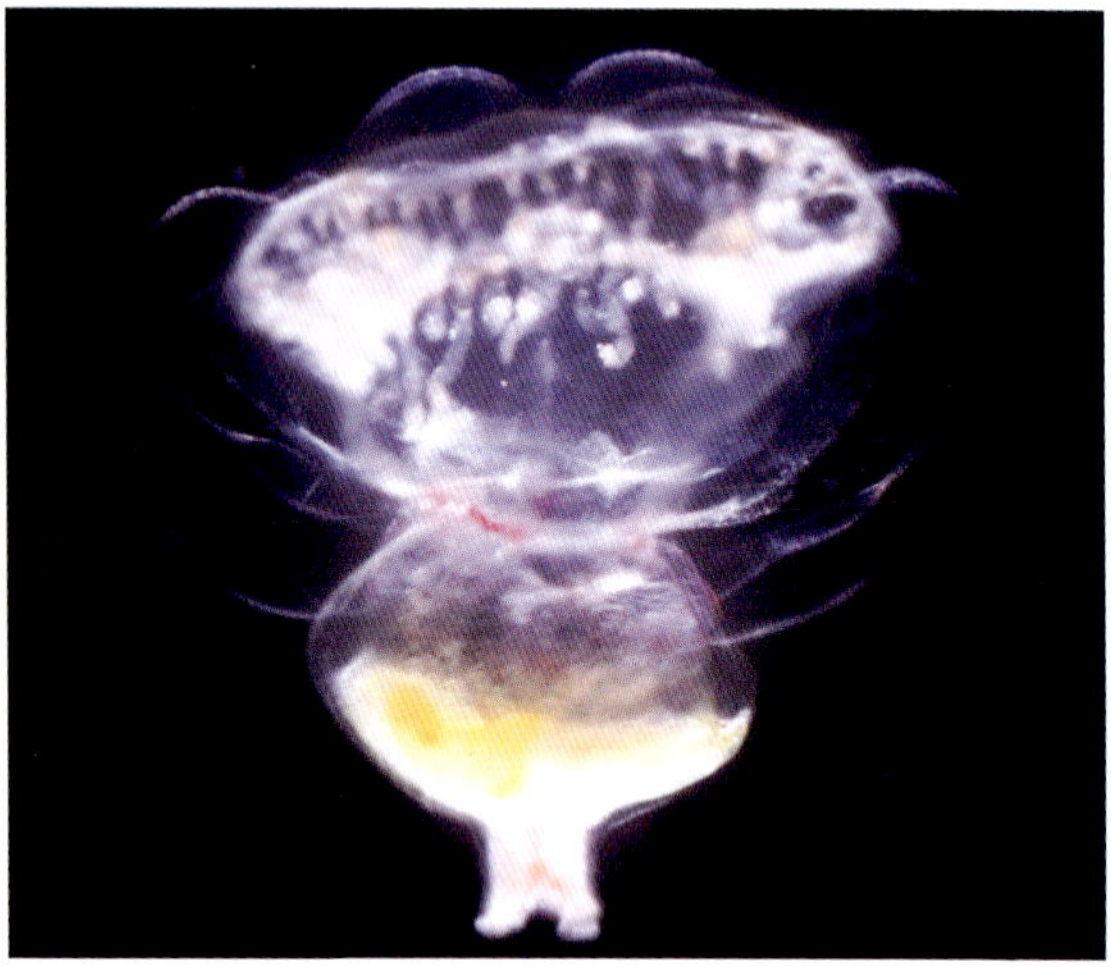

8. 退化中のベニクラゲ

ストレスやダメージを受けたベニクラゲは、だんだん退化していく。右の写真では、傘の部分がひっくり返り、口柄がむきだしになっている。

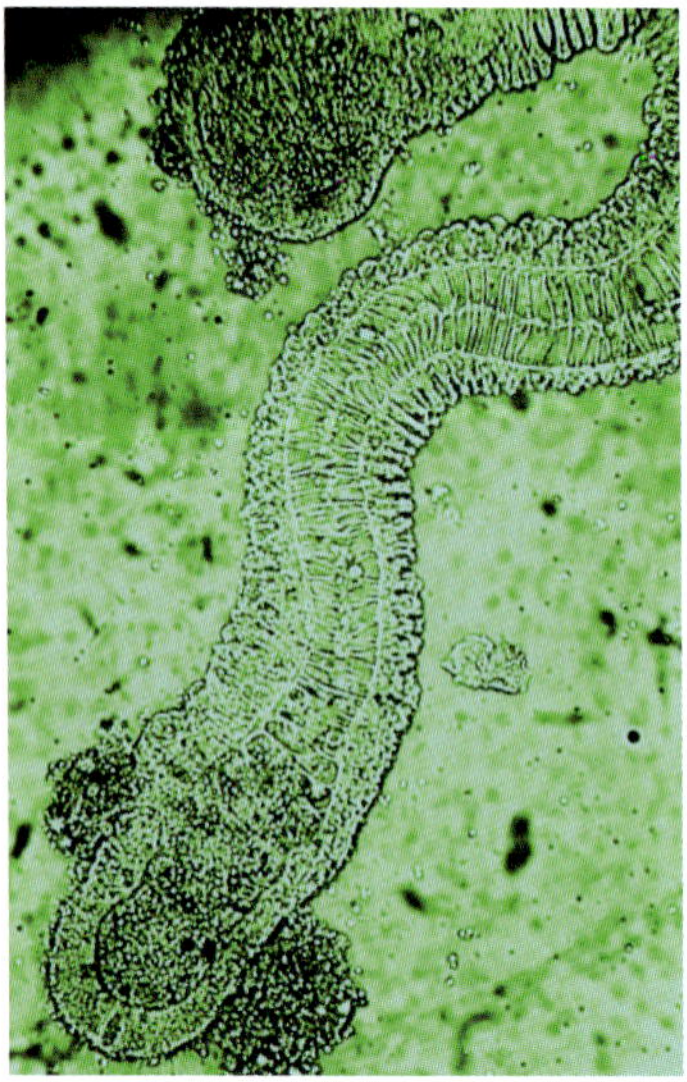

9. 老衰したベニクラゲの触手

老いたベニクラゲは、触手の刺胞を失ってしまっている。

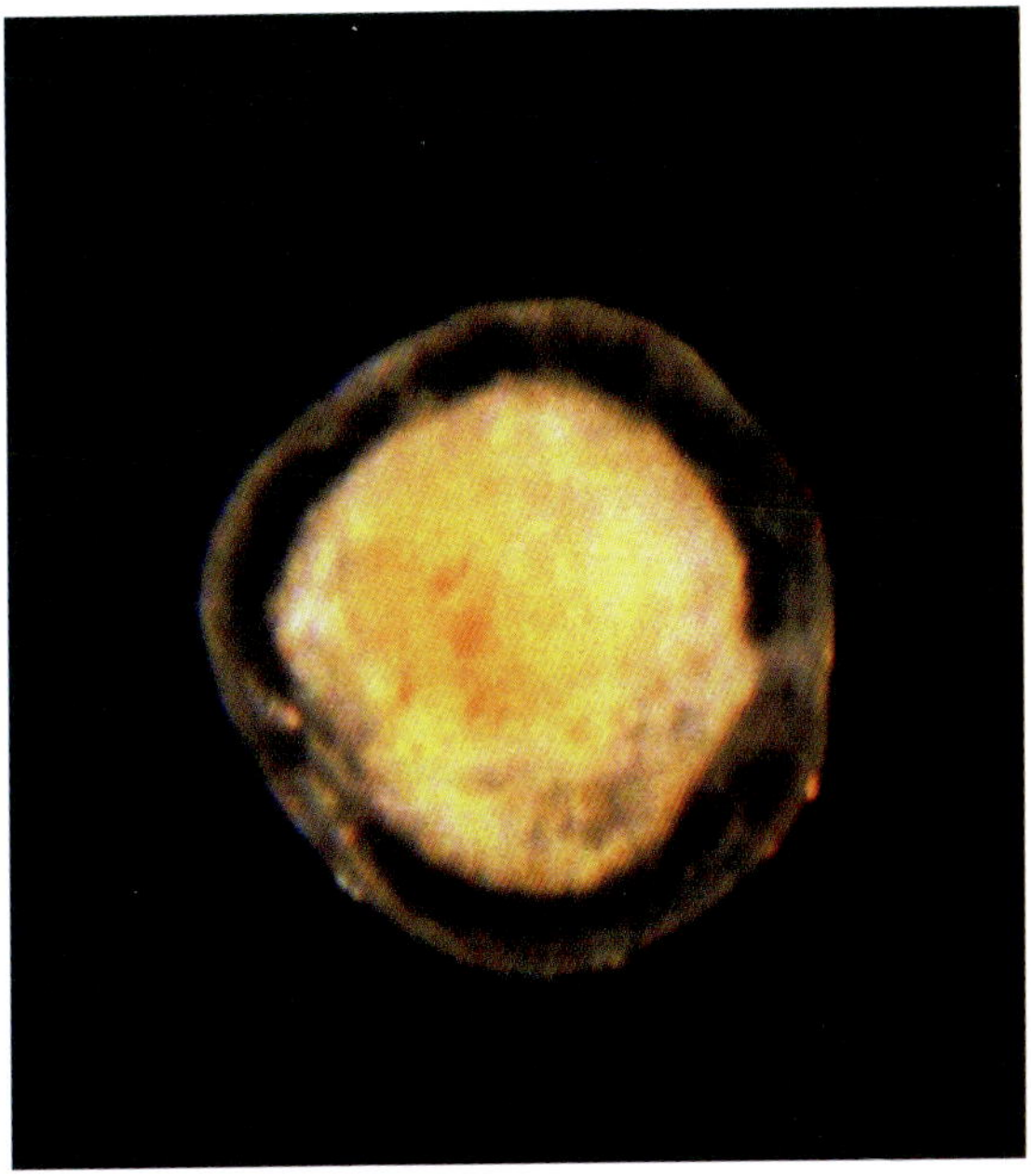

10. 肉団子状になったベニクラゲ

退化が進んで、器官や組織が崩れると、ベニクラゲは肉団子のような姿になる。

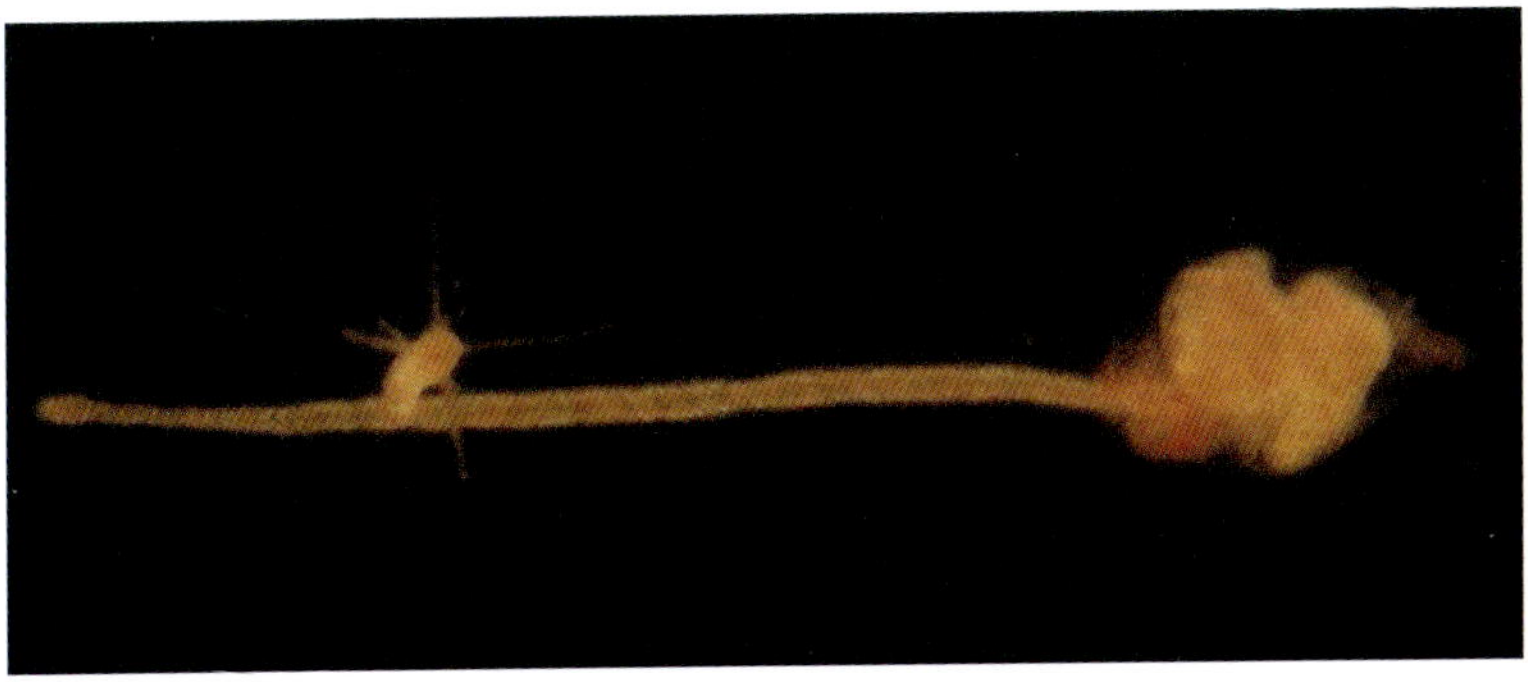

11. クラゲからポリプへ若返ったベニクラゲ

定形の姿をすっかりなくしてしまったクラゲも、水底に付着して新たな生涯を開始する。水温が25～29度であれば、退化し始めてからわずか数日間で、初期若返りを達成する。

早死クラゲ

12. ムラサキイガイ（ムール貝）から一斉に遊離するカイヤドリヒドラクラゲ

二枚貝の軟体部上にポリプをつくる早死のカイヤドリヒドラクラゲは、夏になると、日没時に一斉にクラゲを放出する。異性と効率よく出会い、生殖を終えると、餌も食べずにすぐに溶けてしまう。

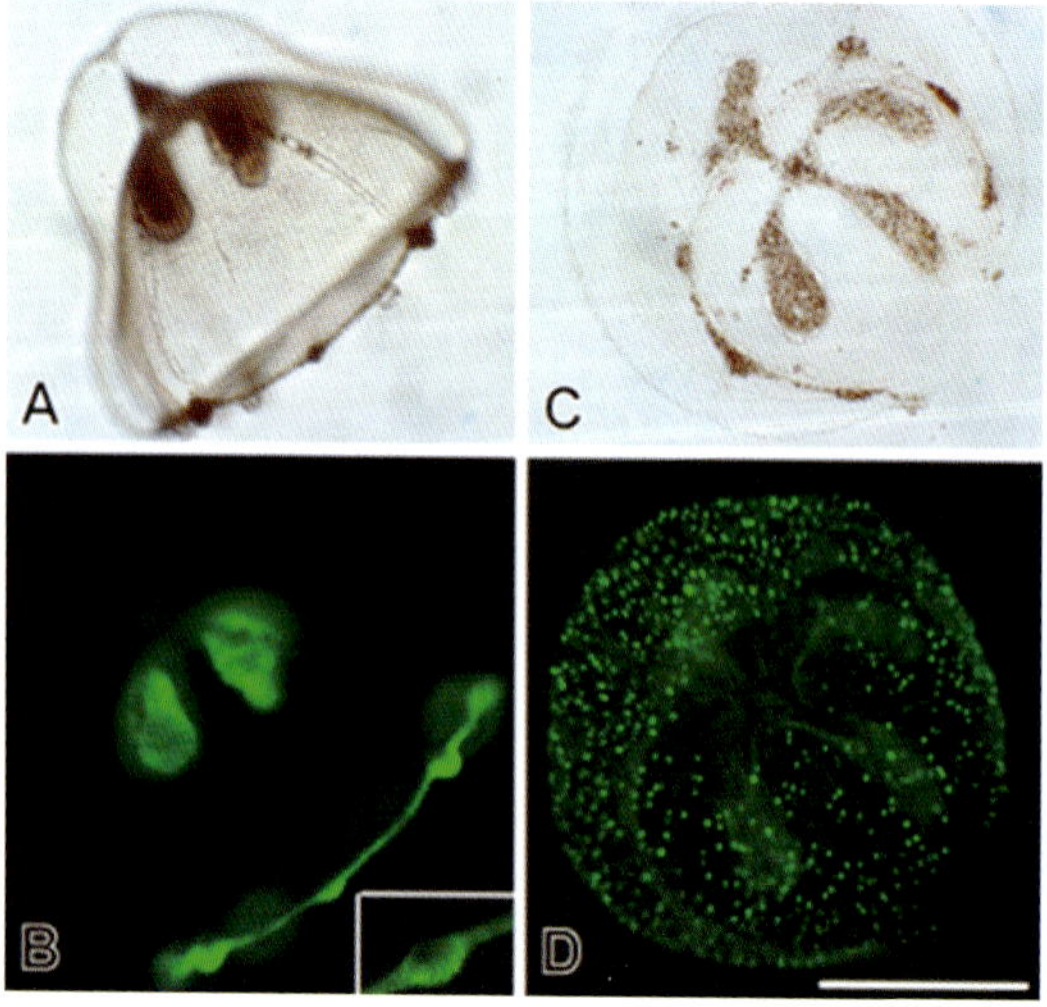

13. 太平洋産のカイヤドリヒドラクラゲ（A、B）と、地中海産のチチュウカイカイヤドリヒドラクラゲ（C、D）

BとDの写真のように、GFP（緑色蛍光タンパク質）の蛍光に差がある両者は、実際に遺伝子型も異なっており、別種だと確認できた。

若返りが期待されるクラゲ

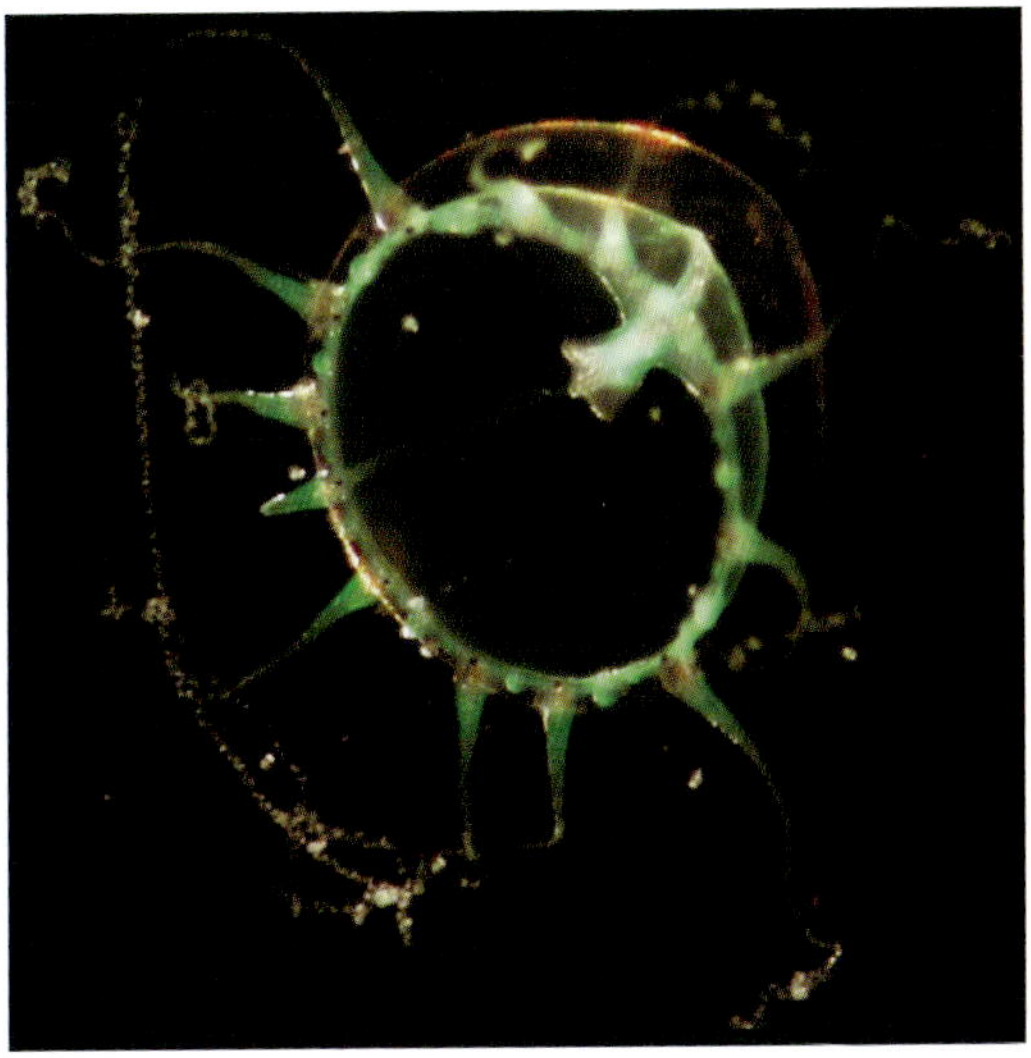

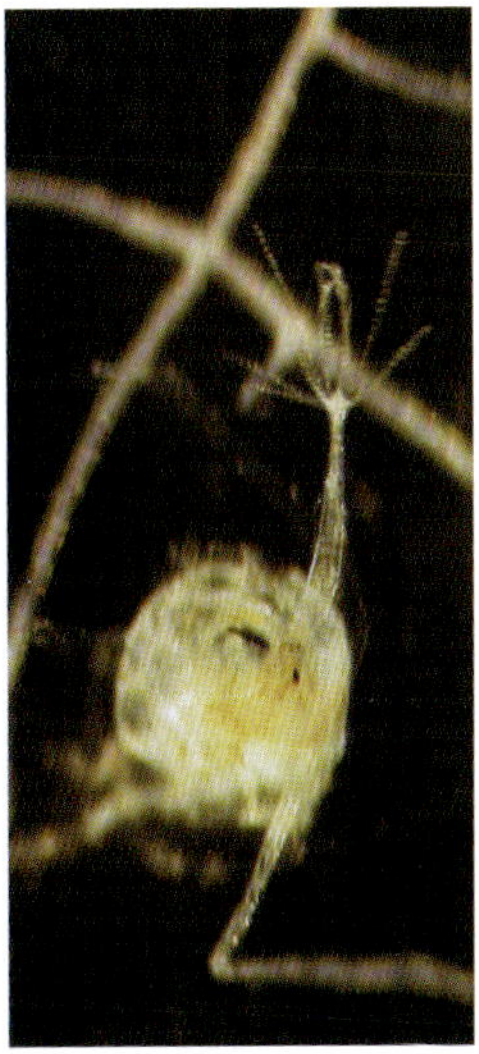

14. ヤワラクラゲ

ヒドロ虫綱のヤワラクラゲ（左）は、ベニクラゲの遠い親戚にあたり、若返りが確認されている（右は、ポリプに若返ったヤワラクラゲ。ただし、若返り記録は1回どまり）。

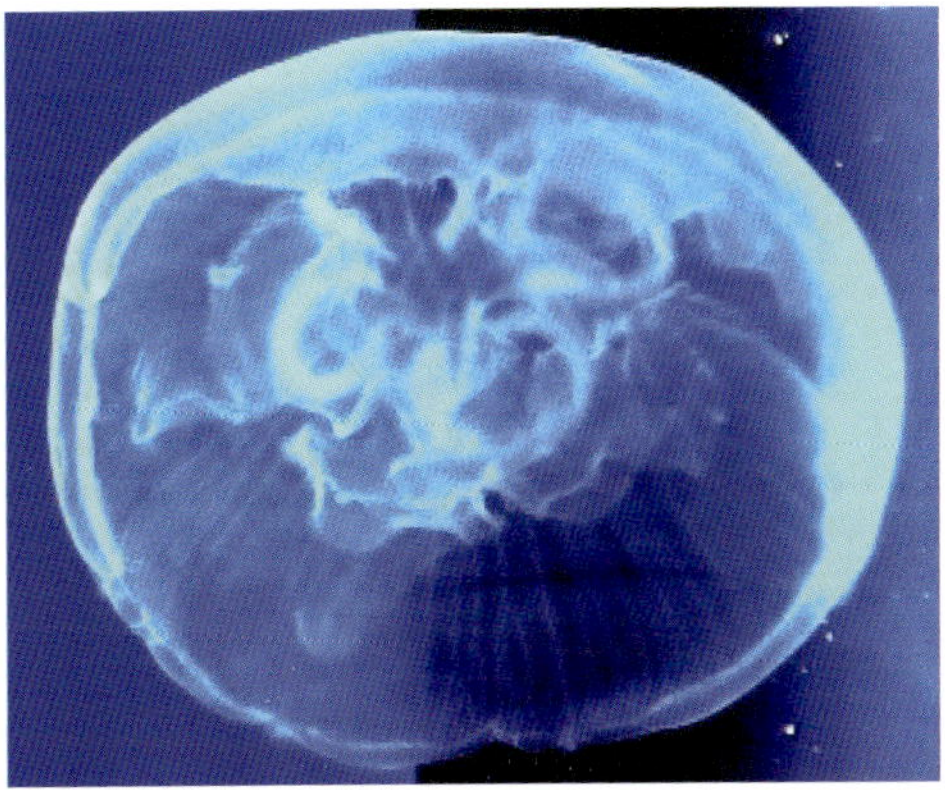

15. ミズクラゲ

鉢虫綱のミズクラゲは、最近、中国で若返りが報告された。

ベニクラゲの変わった姿

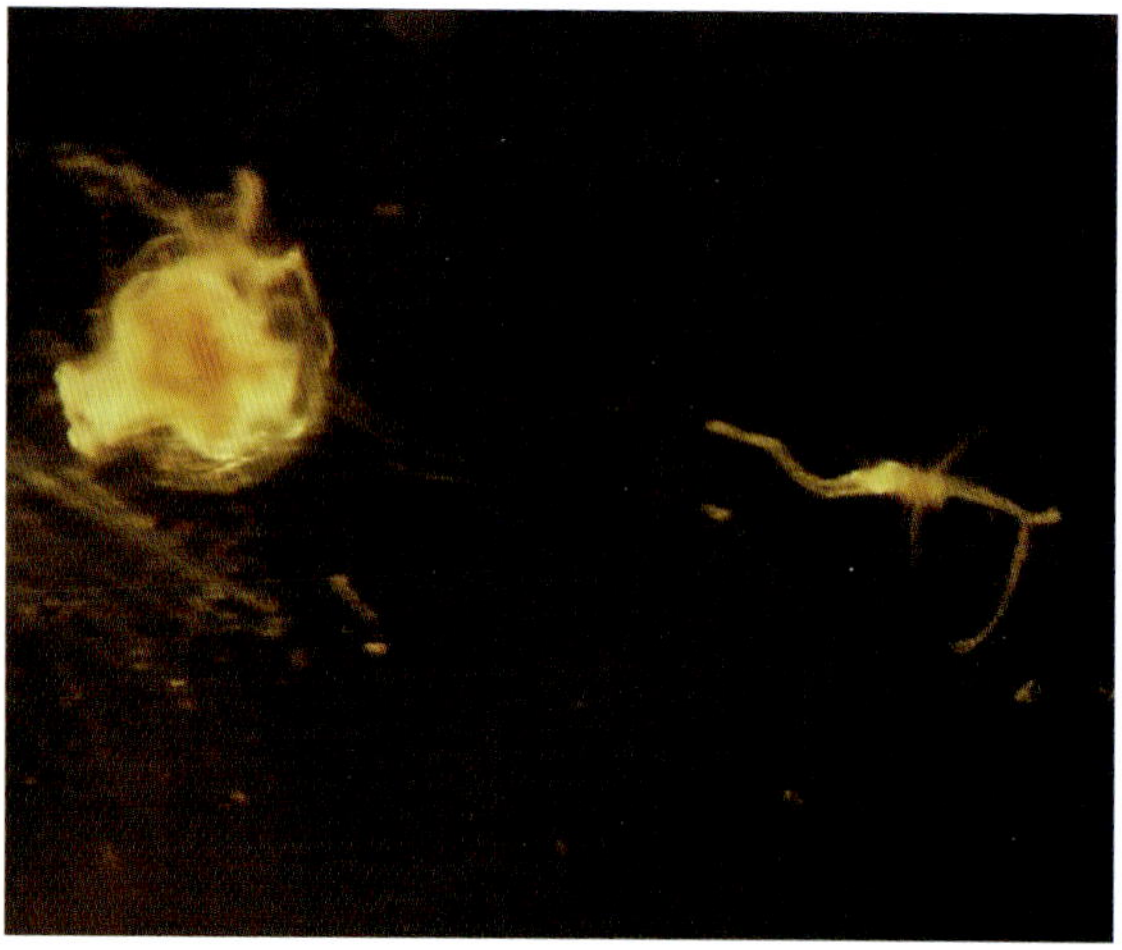

16. ベニクラゲの新旧合体

クラゲ本体から切り離されて生き残った口柄（古い体）と、クラゲ本体から若返ったばかりのポリプ（新しい体）がくっついている。

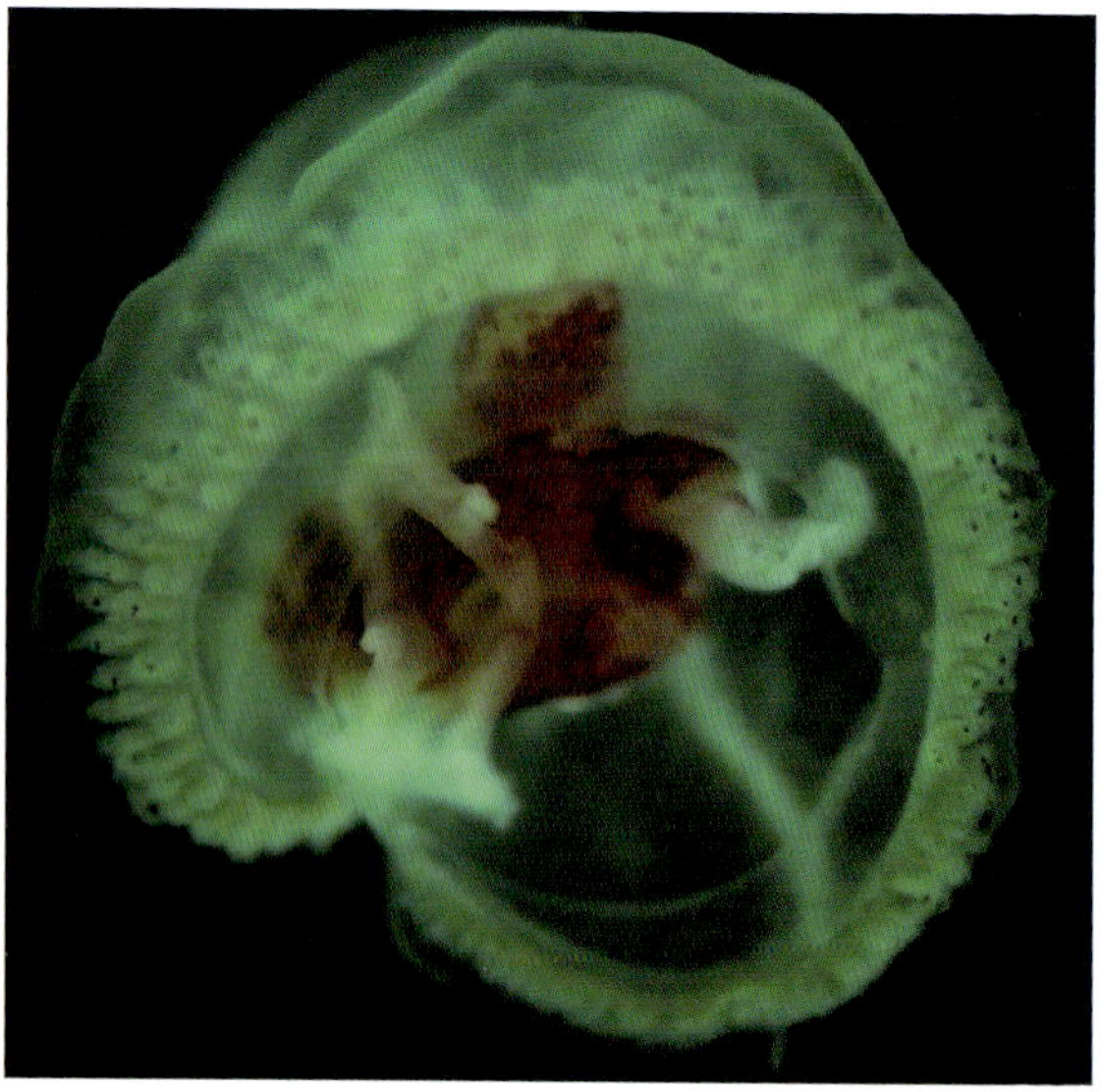

17. 奇形のベニクラゲ

2017年10月に福島県いわき市小名浜で採集されたベニクラゲのメス（傘径約7ミリ）。口柄が二分割され、それぞれ1つ、2つの口唇を形成している。

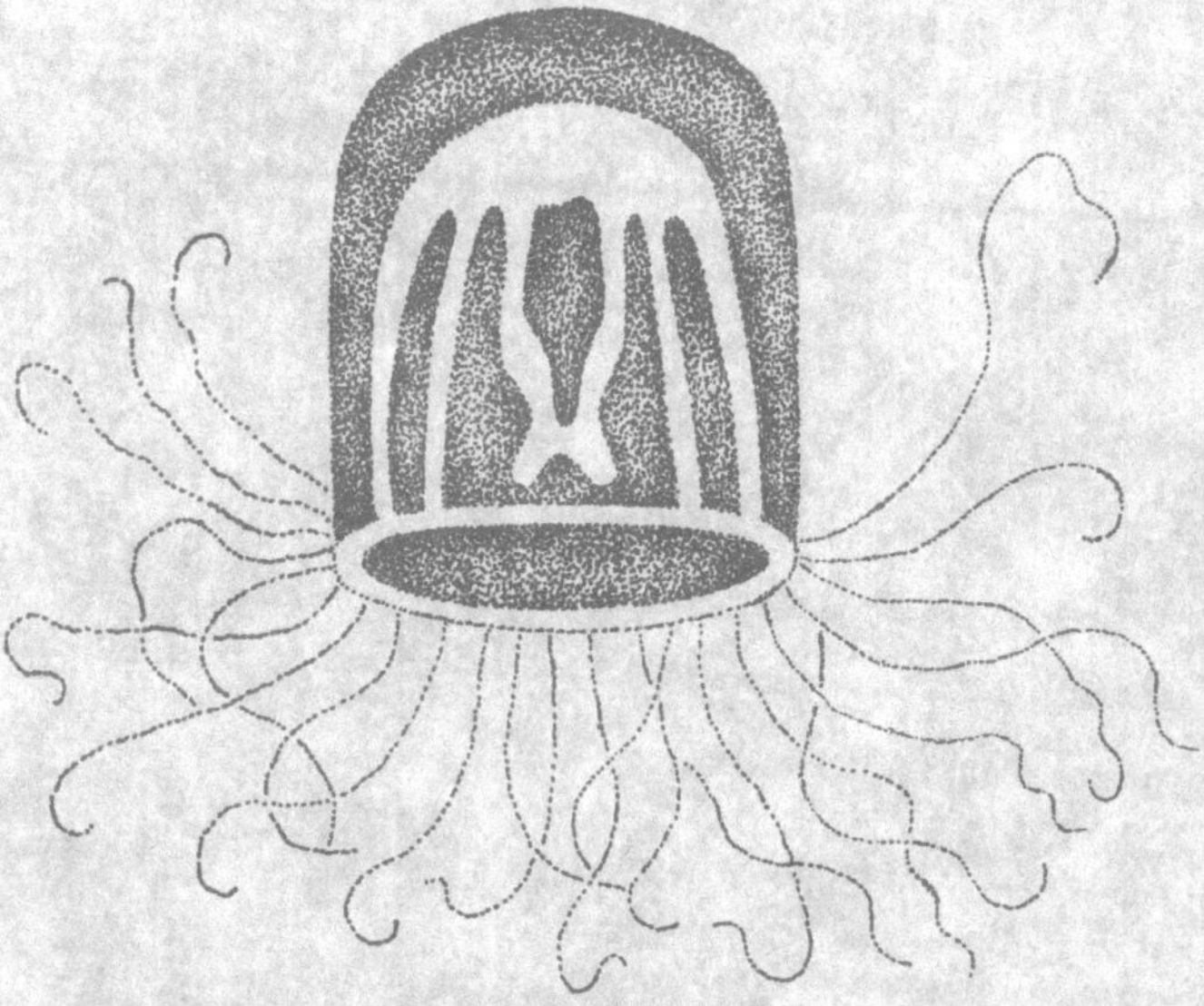

不老不死のクラゲの秘密

久保田信

毎日新聞出版

はじめに

生命に満ちあふれた稀有《けう》の星、地球、いや、海球にはさまざまな動物・植物・細菌が生息し、たがいに機能し合って海球のバランスを保っている。消費者・生産者・還元者の三位一体でなせる業だ。

しかし、いまや海球は人間の星に進化した。

海球45億年を1年のカレンダーに置きかえると、人間が出現したのは、除夜の鐘が聞こえるころ。

そして、その人間が、ほんの一瞬のあいだに、科学文明を爆発的に発展させ、海球を賢いサルの惑星にした。

先進国に住む現代人は、原子力をフルに利用して莫大なエネルギーを獲得することで、楽な生活を手に入れた。

しかし、そのエネルギーを生みだしたあとの廃棄物は処理が不十分で、深海に格納せざるをえないありさまだ。

また、人間は核の力で武装し、海球全体を死の星にできるほどに進化してしまった。

科学文明は、無数の人工的なすばらしい化学製品を生みだし、医療技術の進展とともに医学・薬学などが人間の寿命を確実に延ばし続けている。人間全員が100歳時代を迎えるのもそれほど遠くない。

しかし、そのありがたい人工物が持つ副作用や毒性は、明るい未来に暗い影も落としている。人間社会が末永く存続していこうとする過程で、環境ホルモンなどによる性徴異常はもとより、乏精子症や先天異常による流産などの知られざる悪夢も起きているようだ。

このような恐るべき不安が付きまとうようになった生命の星、海球に、ある福音動物が登場した。その名も「ベニクラゲ」。

重傷を負っても再生し、老化・老衰しても若返ることができるスーパークラゲである。このベニクラゲこそが、わたしたちのひどく傷んだ体や、悲しく苦しい老化に対抗できる超絶的な能力を持っている動物で、まさに今も「不老不死」という人類の究極の夢を実現し続けているのだ。

ベニクラゲを研究し尽くすことで、人類の未来にも希望が生まれるに違いない。

本書では、動物界でこれ以上望めないほどのウルトラ能力を持ったベニクラゲの不思議を紹介しよう。みな一人ひとり、ベニクラゲの恩恵でもたらされる希望に満ちた将来を、一緒に夢見ていこうではないか！

目次

はじめに……003

第1章　死なないクラゲ、現る

◆地味にスゴイ！　不老不死クラゲ……012
◆老いない秘訣は紅色にあり!?……015
◆神秘のクラゲに会いに行こう！……018
◆ベニクラゲのゆかいな仲間たち……021
◆「死なない」体の中を拝見……025
◆そもそもクラゲとは何か……029
◆櫛を取るか、毒針を取るか……032
◆サンゴ・イソギンチャクとクラゲの意外な関係……035
◆個性豊かすぎるクラゲたち……037

◆不老不死の進化は新しい!? …… 043
【コラム1】クラゲの祖先に近いのは？ …… 046

第2章　ベニクラゲの一生

◆クラゲはずっと〝クラゲ〟なわけではない!? …… 050
◆クラゲたちの複雑怪奇な成長過程 …… 053
◆生き残るためには二刀流が基本 …… 057
◆ベニクラゲ流　一発逆転の極意 …… 062
【コラム2】ベニクラゲのアナーキーすぎる卵割 …… 067
【コラム3】無性生殖をすべきか、せざるべきか …… 070

第3章　ベニクラゲとの日々

◆運命の出会い …… 076
◆すべての原点は海にあり …… 080
◆人類のルーツを追い求めて …… 083

◆進化の謎解きは種の分類から始まる……086
◆救世主クラゲは貝に宿る……090
◆早死クラゲの衝撃……094
◆短命な一生は正解なのか……097
◆「若返り」クラゲとの再会……101
◆初めて命を若返らせた日……105
【コラム4】幻の四名法……108
【コラム5】早死クラゲへの平行進化……111
【コラム6】系統分類学にもGFPが応用できる!?……114

第4章　若返るベニクラゲ

◆日本産だって若返る……118
◆突き刺し実験で急所を発見……121
◆「未熟児」クラゲこそ若返るチャンス!?……124
◆若返り回数はアフターケア次第……127

◆若返りのトリガーは無限にあり!? 131
◆もう1つの延命法 133
【コラム7】クラゲ研究は飼育が肝心 137

第5章 人間は不老不死になれるのか

◆死の起源、不死の起源 144
◆ベニクラゲと人間のつながり方 146
◆若返りのメカニズム 150
◆永遠の生を得るために必要なこと 153
【コラム8】おとなりの動物住民たち 156
【コラム9】奇形のベニクラゲが発生中!? 160
おわりに 161
主要参考文献 164

第1章

死なない
クラゲ、
現る

地味にスゴイ！　不老不死クラゲ

「不老不死」の動物が存在する。

ＳＦの話ではない。この世界で、今まさに、そのような驚異的な能力を持った多細胞動物が生きているのである。

その名は、「ベニクラゲ」。


いくらクラゲ好きでも、この存在を知っている人はそれほど多くないはずだ。まず、近所のお店では買えない。そもそも、水族館でさえなかなかお目にかかれないだろう。美しいクラゲではあるのだが、鑑賞をするには少し小さい。どのくらい小さいかというと、最大でも直径１センチ程度。肉眼でうっとりと眺めるのには、ちょっと物足りなさそうである。

場所によって大きさも変わってくるが、暖海に住んでいるものは、さらに小さい。お

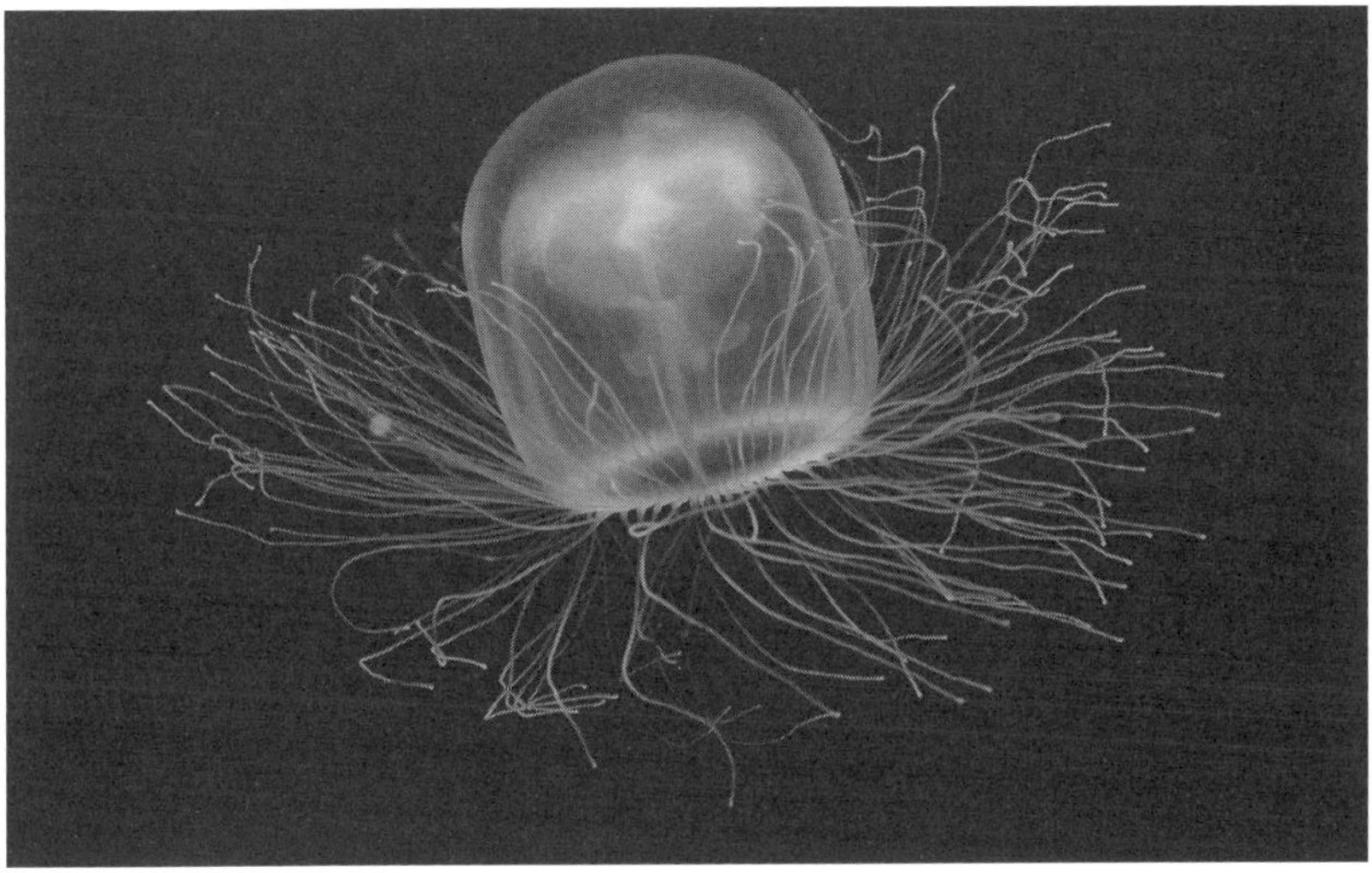

ベニクラゲ

写真提供：新江ノ島水族館

となになっても直径が数ミリしかないのだ。観察には虫めがねや顕微鏡が必須アイテムになる。

この一見地味で小さい、何の変哲もない「ベニクラゲ」。実は、死なないのである。それどころか、若返ってしまうのだ。

「不老不死」は、多細胞動物すべてが希求してきた目標といってもよいだろう。この世に生きているすべての種にとっての最大の目的は、「生存」のはずだからだ。

中でも、人類の果てしない夢は、「未来永劫学び続け、不屈で健全な精神と不死の体を持った生命体に進化すること」。かつて秦の始皇帝は、不老不死の薬を探し求めた。しかし、そのはるか昔から今にいたるまで、老化と死は相も変わらず、人間が避けて通れない宿命である。

確かに、医療の発達によって人類の平均寿命は延び、生まれてから死ぬまでの時間は着実に長くなった。しかし、老化はやはり避けられず、長い一生を充実させながら過ごし続けるのは難しい。そして、死は先延ばしにしようとも必ずやってくる。

そんな「老い」と「死」という二大ハードルを軽やかに飛び越え、「若返り」すらなし遂げている多細胞動物、それが「ベニクラゲ」だ。吹けば飛ぶほどのかわいらしいこのクラゲこそが、今一番注目を浴びるべき、史上最強の動物なのである。

老いない秘訣は紅色にあり!?

不老不死のメカニズムの謎解きは、ベニクラゲを知ることから始まる。まずは、「人は見た目が９割」という原則をクラゲにも応用して、外見から見ていこう。

「ベニ」クラゲというからには、紅色の体をしているとだれもが思うはずだ。その通り。体全体ではないが、中心部が紅色である（口絵１）。この部分は、生物として最も大事なところだ。内部が口唇と胃腔の合わさった口柄《こうへい》という器官で、外部が生殖巣になっているのである。つまり、食べてエネルギーを取りこみ、かつ新しい命を生みだす部位なのだ。

鮮やかな紅色なので、学名（わたしたち人間の姓名に相当し、生物学上の正式かつ唯一の名前。いわば戸籍のように登録されている）にも、ラテン語で"*rubra*"つまり「赤い」という意味の種小名（姓名の名に当たる部分）が付けられている。この色の美しさに惚れこんで、わたしはひそかに「スカーレット・メデューサ」と呼んでいたりする。

それはともかく、この真紅の色はどうやって付けられているのだろう？　食べた餌から取りこんだのだろうか？　それとも、ベニクラゲ自身が生みだしているのだろうか？もしかして、この色が不老不死の鍵を握っているのか？

ということで、化学分析をしてみると、「アスタキサンチン」が主な色素だと判明した。つまり、おなじみのサケやタイの赤い色と同じ色素だったのだ。数ヶ月間餌をあまり与えないで飼育していても紅色はさめないので、ベニクラゲ自身でつくりだしているのだと思われる。ただし、４本の放射管の色も赤く染まるので、色素が少しは中心部から溶けだしているようだ（ベニクラゲの体のしくみは後述）。

一方、まだ中心部が十分に成熟していない幼いクラゲを、アルテミアという赤い小さなエビの一種だけを餌にして育てても、紅色になる。餌から取りこんでもいるのだろう。青い色素を豊富に含む餌があれば食べさせてみて、どのような色に変化するか調べてみるのもおもしろい。

このアスタキサンチンには、主に酸化防止の役割がある。人間も、体内が鉄のようにさびていくと死んでしまうことは知られているだろう。ひょっとすると酸化を食い止めるアスタキサンチンが、ベニクラゲの不老不死の秘訣なのだろうか？

しかし、ご存じの通り、サケもタイもあっさり死んでしまう「普通の」動物である。しかも、紅色では・な・い・ベニクラゲも実は存在する。赤くならない小さなベニクラゲは、あとで説明するが、ベニクラゲ類の中で別種として認定されることになった。ただ、本家本元のベニクラゲの中にも、ごく少数だが紅色の薄いものがいることがある。

残念ながら、紅色であることは「不老不死」と直接は関係なさそうである。

神秘のクラゲに会いに行こう！

ベニクラゲは、わたしたちの手の届かないところに住む希少なクラゲではない。世界中のどこにでも生息している。

特に温暖な浅い海に多いが、多少の寒さなら耐えられるようで、暗く冷たい深海を除けば、海洋のほぼ全範囲で発見されているのだ。

ベニクラゲは眼を傘の周囲にたくさん散りばめているので、明るい光が差しこむところを好むのだろう。深いところへ沈んでいかないで、常に光を求めて上昇していると考えられる。

実際に、日本では、沖縄から北海道まで、また瀬戸内海、小笠原諸島や対馬など各地の島嶼《とうしょ》を含め、ベニクラゲがいたるところに生息している。身近な海岸で小型のプランクトンネットをひけば、簡単に採取できるだろう。それほど広い範囲に分布している種

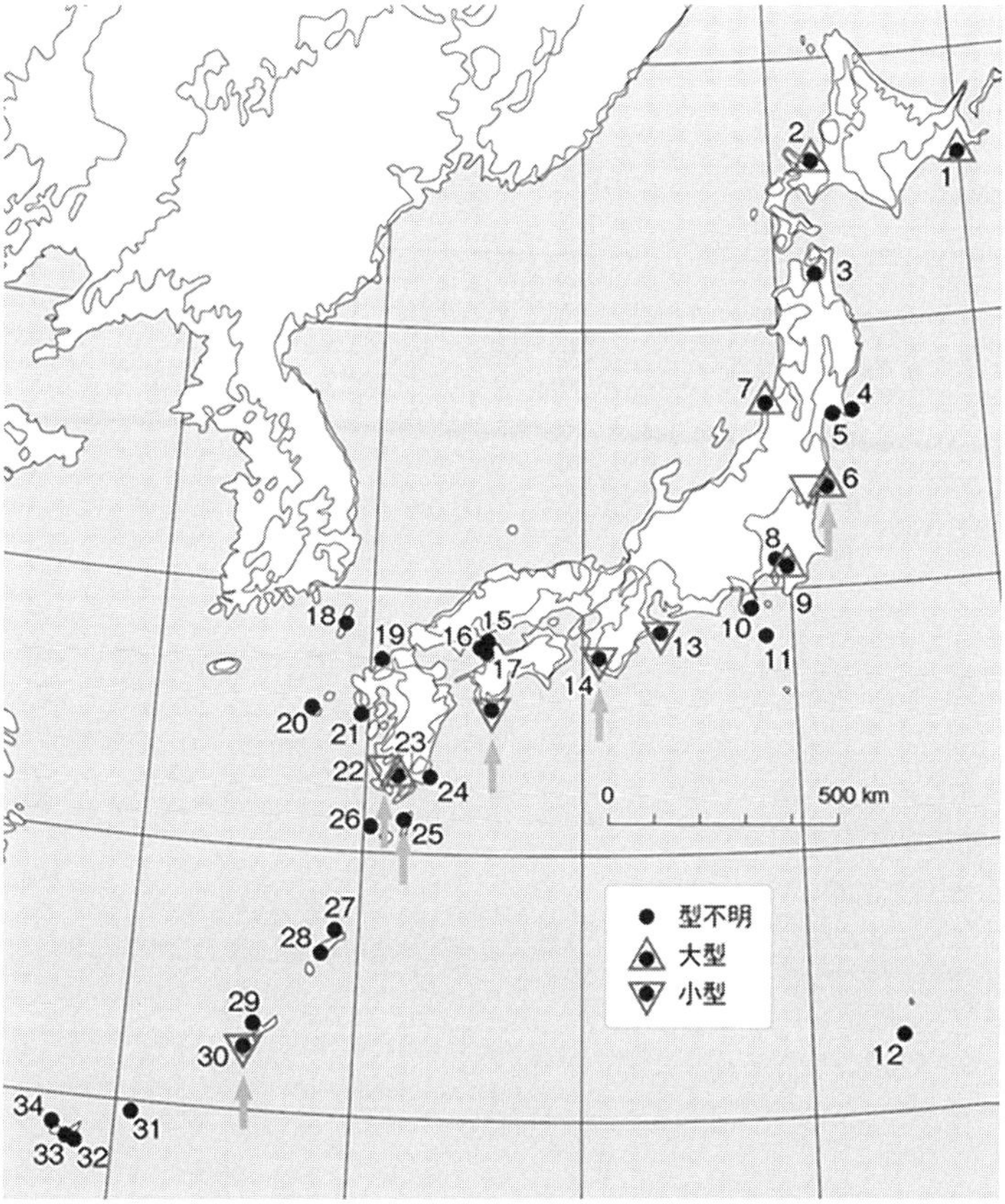

日本産ベニクラゲ類の地理的分布図（⬆は若返りを確認した地点）

なのである（ただし、クラゲとして海中に姿を現すのは、主に6月から9月の暖期に限られる）。

要するに、「不老不死」のクラゲというのだから、わたしたちがめったにお目にかかれない、はるかかなたに存在するのだろうと思ったら、大間違いだということだ。ベニクラゲはいわば、「会いに行けるクラゲ」である（会いに行っても小さすぎて気づかない可能性はあるが）。

「ベニクラゲは桃源郷に住んでいるから寿命も異次元」というような単純な話ではないことがおわかりいただけるはずだ。

ベニクラゲのゆかいな仲間たち

世界各地に散らばるベニクラゲは、完全な同一種というわけではない。体の特徴や繁殖方法が、微妙に異なっているのである。実際に、遺伝子解析した結果、ベニクラゲはいくつかの系統に分かれていることがわかった。長い間コスモポリタン種とされていたものが生息しているのは、実は大西洋のみ（新称「タイセイヨウベニクラゲ」）。そのほかの地域では、遺伝子の異なった同形のベニクラゲが生きていたのだ。

日本のベニクラゲについては、当初、北日本産（口絵１）がよく知られていた。ただ、その後、北日本産とは形態や繁殖方法が異なる南日本産のベニクラゲ（口絵２）が発見されたのである。

大型（といってもおとなは直径1センチ程度）で紅色の口柄を持つ北日本産のものは、受精卵がある程度成長するまでの期間、メス親が口柄上で保育をし続ける。少しでも子

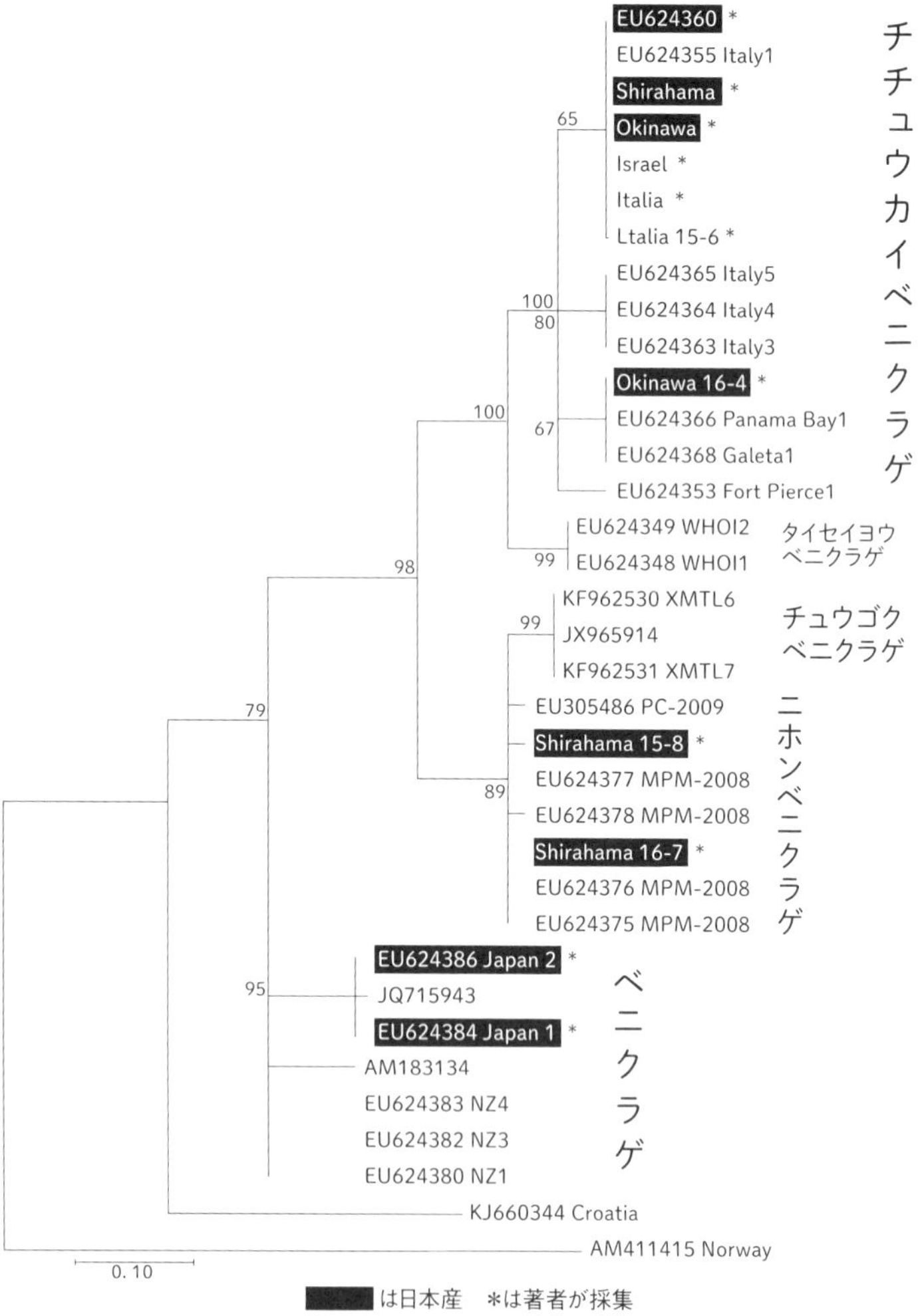

ミトコンドリア遺伝子の一部の塩基配列の異同から分類した
世界のベニクラゲ類の分子系統樹

孫を多く残すためだ。

一方、南日本に分布するベニクラゲは、卵を海中に産みっぱなしにする。このような形態と有性生殖に関わる違いを裏付けるかのように、ミトコンドリア遺伝子の一部の塩基配列も、北日本産と南日本産では異なっていることがわかった。口柄の紅色が特徴的で大型の北日本産のものは、遠く離れたニュージーランドやタスマニアなどの南半球産のものと同じ遺伝子型となり、本家本元の「ベニクラゲ」とされている。

さらに、南日本産の小型のベニクラゲは、遺伝子配列から判断すると、2種になることも判明した。分布域から考えると、この2種には違いがありそうだが、形態では判断がつかない。形態が相当異なっていても遺伝子を調べると同じという逆の例もあるので、系統分類は一筋縄にはいかない。いずれにせよ、日本には生物学的には北日本産の1種、南日本産の2種という3種のベニクラゲが生息しているということになる。

世界に目を向けてみると、地中海には、沖縄などに主に生息する南日本産のものとそっくりの種が存在する。その名も、「チチュウカイベニクラゲ」。南日本産の1種は、ヨーロッパから侵入した外来種だという見方もあるくらいだ。この種は、地中海だけでなく、大西洋沿岸や太平洋海域にも広がっている。バラスト水（空荷の貨物船が出港時に船底におもりとして利用し、貨物を積載するときに船外へ捨てる海水）に紛れこんで、日本の沖縄にやってきたらしい。

もう1種の南日本産ベニクラゲは、九州から本州中部にかけて生息している。日本特産として、わたしが「ニホンベニクラゲ」という和名を付けたものだ。

中国で見つかったベニクラゲも、もともと南日本産のものに近いとされていたが、遺伝子解析によって最近、別種であることが判明した（新称「チュウゴクベニクラゲ」）。これらに「タイセイヨウベニクラゲ」を合わせると、同じ外見を持つ小さなベニクラゲが、少なくとも4種に分けた方がよいことになったのだ。

このように、世界に散らばる「不老不死」クラゲは、生物学上少しずつ異なっているのである。どの種も若返り能力を持っているものの、北日本産のベニクラゲに関しては若返りを起こしにくい傾向があるなど、差異も見られる。

「死なない」体の中を拝見

「死なないクラゲ」の内部は、どのようになっているのだろうか。

ベニクラゲの体のつくりは、基本的な「傘形」のクラゲの構造である。

先ほども触れた「口柄」は、口唇と胃腔の合わさった食べるための器官だ。触手で捕らえた獲物を口唇にあて、刺胞《しほう》という毒針で完全に射止めてから飲みこむ。胃腔内に入った餌が消化酵素でどろどろに溶け、スープ状になれば、体中にまわして各部に栄養を吸収してもらう。

口柄の外側は生殖巣、その名の通り生殖器官だ。外側の皮の部分に、メスなら卵、オスなら精子がたくさんできる。メスであれば、わたしたちの肉眼でもたくさんの卵をそこに見ることができるだろう。

捕食するための触手は、傘の周囲に多数生えている。おもしろいことに、ベニクラゲ類の触手は比較的短い。先が少し丸くなっているのも特徴だ。触手には無数の刺胞があって、これで動物プランクトンを刺し殺して口に運んでいく。
触手の根元には、「眼」もある。ただ、ベニクラゲの持つ眼（眼点）は、光の明暗ぐらいしか感知できないと考えられている。

そのほかにも、さまざまな器官がベニクラゲを支えている。中膠《ちゅうこう》はゼラチン質の分泌物であり、内外の体の皮の間にある。縁膜《ふちまく》という器官は薄い膜で、傘の周囲に張り巡らされているものだ。傘の内側に海水を溜めこむための囲いのようなものだが、膜は円周に沿ってあるのみで、中央に口が必ず開くようになっている。この口から海水を吐きだして、ジェット噴射で移動するのだ。

放射管と環状管は消化循環系で、わたしたちの消化器と血管の役割を果たす部分。ここを通して、胃腔で溶かした栄養物を体中に送るのである。

食べて生殖する部分があり、眼などの感覚器も備えている。また、そのままではもちろん見えないが、特殊な色素で染めると神経が体中に網の目のように張り巡らされているのがわかる。わたしたちが想像する以上に、動物としての複雑さを持っているのがこのクラゲなのだ。

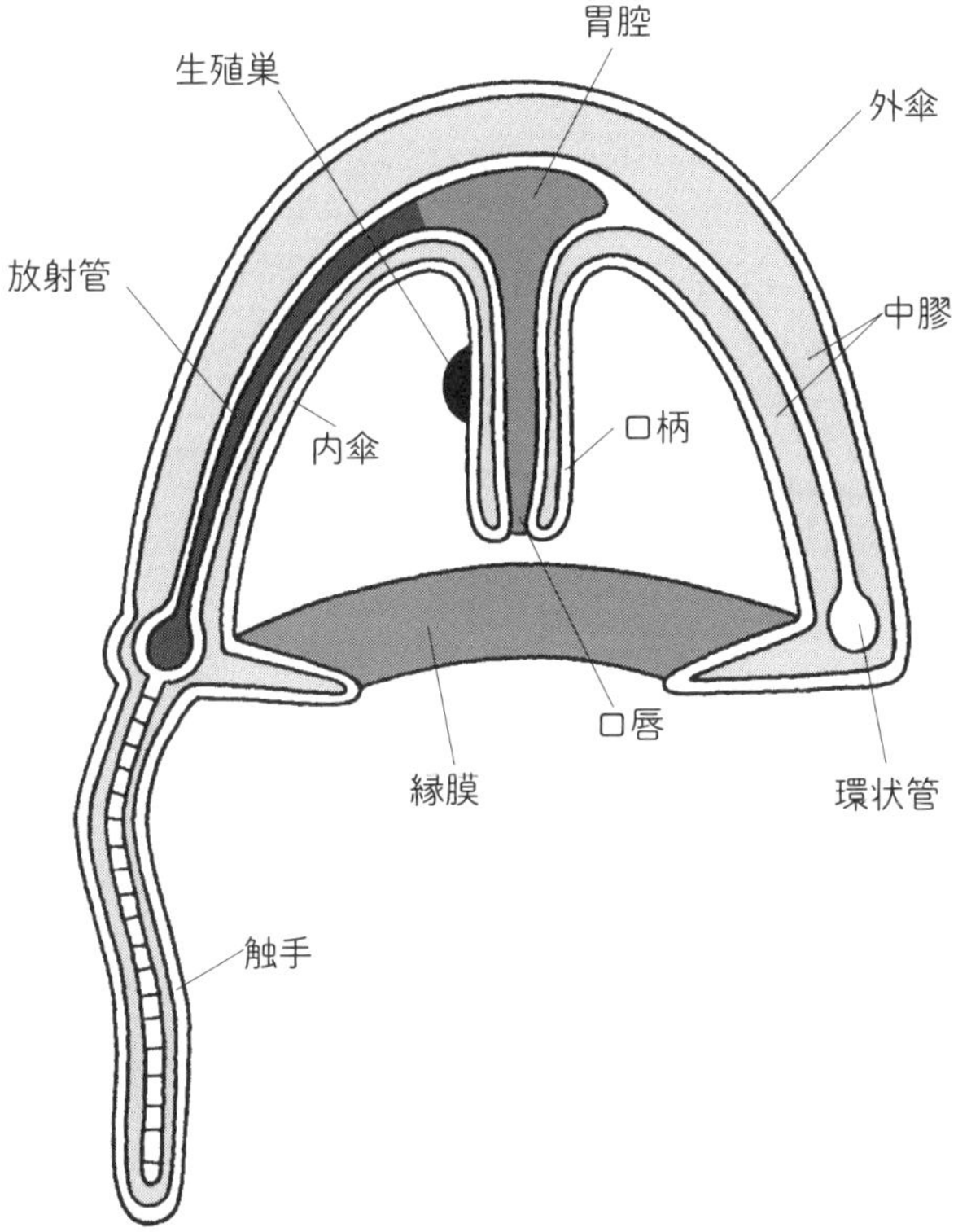

ベニクラゲが属するヒドロクラゲの体のつくり

このような体のしくみに、「不老不死」の秘密が隠されている可能性が濃厚である。

しかし、なぜクラゲの中で「ベニクラゲ」だけが「不老不死」なのか。それについては、ほかのクラゲたちと比較対照しなければわからないだろう。「クラゲ」というグループ自体の意味を、確認する必要がある。

そもそもクラゲとは何か

みなさんが思い描いているクラゲのイメージはどんなものだろうか。「白っぽくて透明」「海でゆらゆらとたゆたっている」「刺されたら超痛い」……。こんなものではないかと想像する。

しかし、世の中そんなクラゲばかりではない。この地球上に、クラゲはなんと何千種類もいる。大きさだって、おとなで直径がたった1ミリ程度のものから数メートルのものまで存在するのだ。泳ぐのをやめてしまったものもいれば、刺したりなんかしないものだっている。形も千差万別。まさに自然の芸術品だ。

さて、こんな多様なクラゲの大半が、実は「プランクトン」の一員なのをご存じだろうか？

「え？　小学生のとき、顕微鏡で観察したやつ？」

そうなのだ。「夜光虫」や「オオヒゲマワリ」やら、そういったものたちの仲間なのである。

「プランクトン」の定義は、「遊泳能力がない、あるいは遊泳能力が弱く、水中で浮遊生活を送る生物」だ。「顕微鏡で観察する」というイメージが強すぎて、プランクトンを「小さな生物」と認識している人が多いかもしれない。しかし、実はプランクトンの定義に大きさは関係ない。

「クラゲは泳げるじゃないか」という人もいるかもしれない。確かに、アンドンクラゲなど、泳ぎが得意なクラゲがいるのも事実である。ただ、「水の流れに逆らって」まで泳げるクラゲは存在しない。この「水の流れに逆らえるか」どうかが重要である。まさに、「流されるままに生きていく」姿勢こそが、クラゲがプランクトンである証拠なのだ。

クラゲはプランクトンの中でも、体つきに特徴がある。

傘形の体はほぼ透明、ゼラチン質で軟らかく弾力性がある。真ん中には柄があり（口柄）、傘の円周に沿って触手を規則的に生やし、その触手や口唇に無数の刺胞を装填《そうてん》する。そして、拍動しながら遊泳・浮遊するのである。

なお、プランクトンではないクラゲも、例外的に存在するのがポイントだ。これらのクラゲは、水底に付着したり、あるいは匍匐《ほふく》生活を送っている。このような生き方をするものは「ベントス（底生生物）」と呼ばれており、プランクトンのように水の中をゆらゆらと移動することはない。

櫛を取るか、毒針を取るか

クラゲは、生物学的には2つのグループに分けられる。
有櫛《ゆうしつ》動物門（クシクラゲ類）のクラゲと、刺胞動物門のクラゲだ。

クシクラゲ類のトレードマークは、体に走っている8列の筋。これが櫛《くし》のように見えるので、クシクラゲ類は「有櫛動物門」という名前を付けられている。

全く刺さないクラゲだ。

というのも、触手に「刺胞」がないのだ。

代わりに、「膠胞《こうほう》」と呼ばれる粘着性の細胞があり、べとべとしている。触手を全く持たない種類もあるが、触手があれば、2本（一対）と決まっていて、これも櫛のような形をしている。とにかく「櫛！」なクラゲだ。

感覚器はたった1つ。光や体全体の傾きは、この唯一の感覚器で制御している。

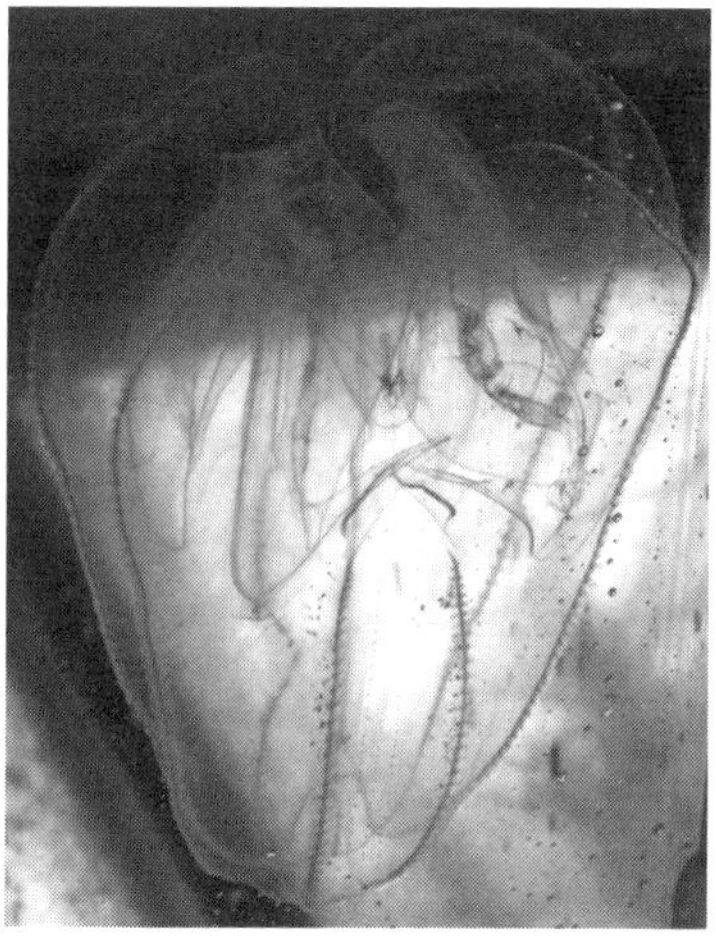

カブトクラゲ（クシクラゲ類）

そして、もう一方が、刺胞動物門のクラゲだ。みなが想像している通りの、本来のクラゲである。ほとんどの種のクラゲが、この刺胞動物門に属する。

傘の周りに感覚器を有している場合は、クシクラゲ類のようにたった1つではなく、たくさん持っているのが特徴だ。

このクラゲには、櫛が全くない。代わりに、刺す能力が「必ず」ある。刺胞が、その役割を担っている。

刺胞は、いわばミクロの注射針。薬ではなく毒液（コブラの毒より強いものもある）がカプセルに入っていて、体の表面から時速100キロ以上の猛スピードで、1400人分のハイヒールでの打撃に匹敵する破壊力を以て突き刺さる。しかも、逆棘《さかとげ》でがっちりと抜けないようにして、毒液を相手にどくどくと注入するのだから、たいそう恐ろしい細胞器官である。

刺胞動物門のクラゲはあちこちの水族館で展示されているし、近くの海岸に行くとよく見かけるので、おなじみのはずだ。ベニクラゲも、この刺胞動物門に属する（ただ、ベニクラゲの刺胞は人間には効かない）。

サンゴ・イソギンチャクとクラゲの意外な関係

刺胞動物には、クラゲのほかに、サンゴやイソギンチャクも含まれる。実は、サンゴやイソギンチャクは、体の構造がクラゲとほぼ同じなのだ。

刺胞動物門の動物は、たいてい２つの異なる体のつくりを持っている。ポリプとクラゲだ。ポリプは水の底で暮らせる形で、クラゲは浮遊・遊泳するための形である。

ほとんどの刺胞動物は、原生動物のような見かけのプラヌラ幼生という浮遊時代を経て、水底に付着するポリプとして生活する。

その後、ポリプの形のまま生き続けるのがサンゴやイソギンチャク、ポリプから形を変化させて浮遊・遊泳するのがクラゲだ。

クラゲは、ポリプを逆さまにして、重くて硬い骨格を取り去り、体の真ん中をゼラチ

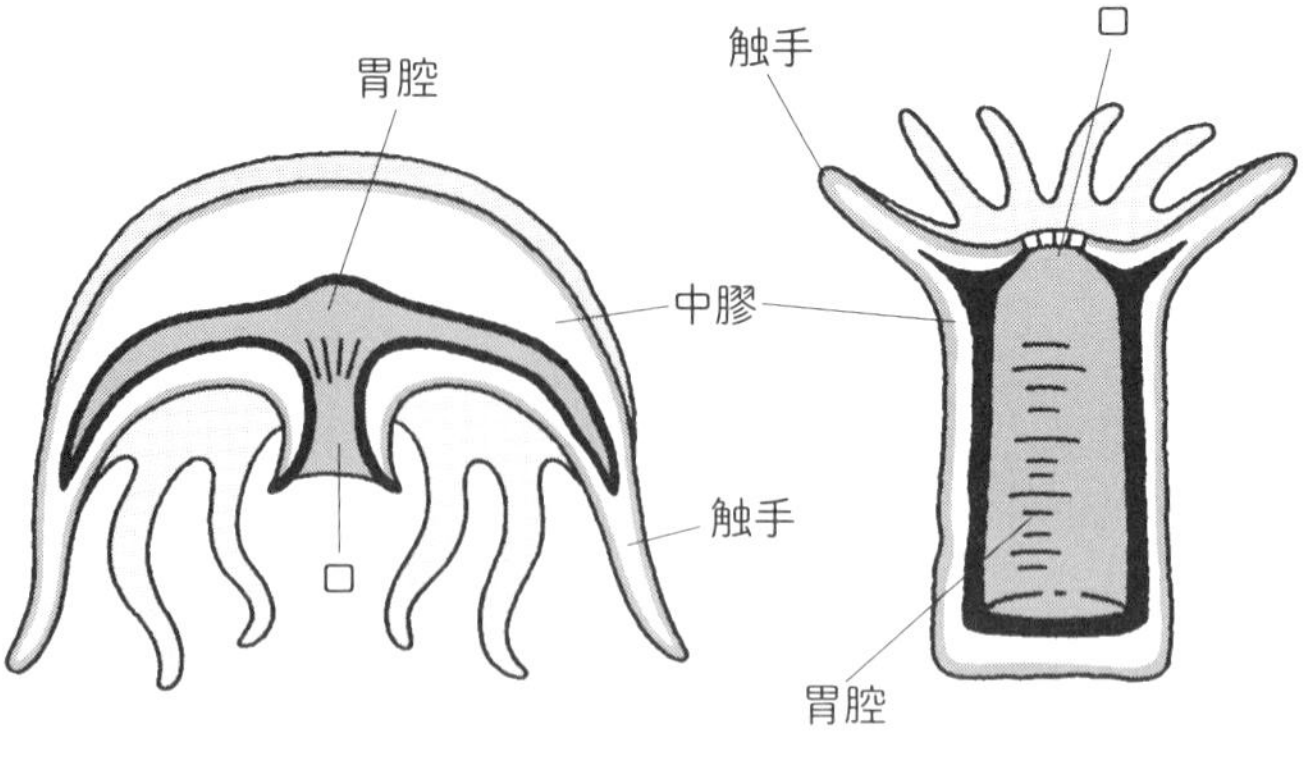

クラゲとポリプの体

ン質で膨らませ（中膠）、浮かんで泳げるようにしたものだともいえる。

クラゲ世代がある種類はすべてクラゲがおとなの体となる。必ずクラゲに生殖巣ができるからだ。クラゲ世代を持たずにポリプ世代だけで過ごしている種は、ポリプの体に生殖巣ができる。

刺胞動物門の動物は、「花虫綱《はなむしこう》」「鉢虫綱《はちむしこう》」「箱虫綱《はこむしこう》」「十文字虫綱《じゅうもんじむしこう》」「ヒドロ虫綱《ちゅうこう》」という5綱に分けられるが、「花虫綱」には、サンゴやイソギンチャクなどが含まれ、残りの4綱に、クラゲが分類されることになる。

個性豊かすぎるクラゲたち

ミズクラゲ（鉢虫綱）
写真提供：新江ノ島水族館

刺胞動物門のクラゲのうち、海でも水族館でもよく出会える単体性の大型クラゲは、お鉢ほどの大きさの「鉢虫綱」のクラゲだ。「鉢クラゲ類」とも呼ばれている。

多くのファンをとりこにするクラゲ界のアイドル、ミズクラゲの所属先である。ほかにも、直径2メートル、体重200キロにもなるエチゼンクラゲがいる。この巨大クラゲを水槽で見せたら、さぞかし人気者になると思うが、実行に移した水族館はいまだかつてない。

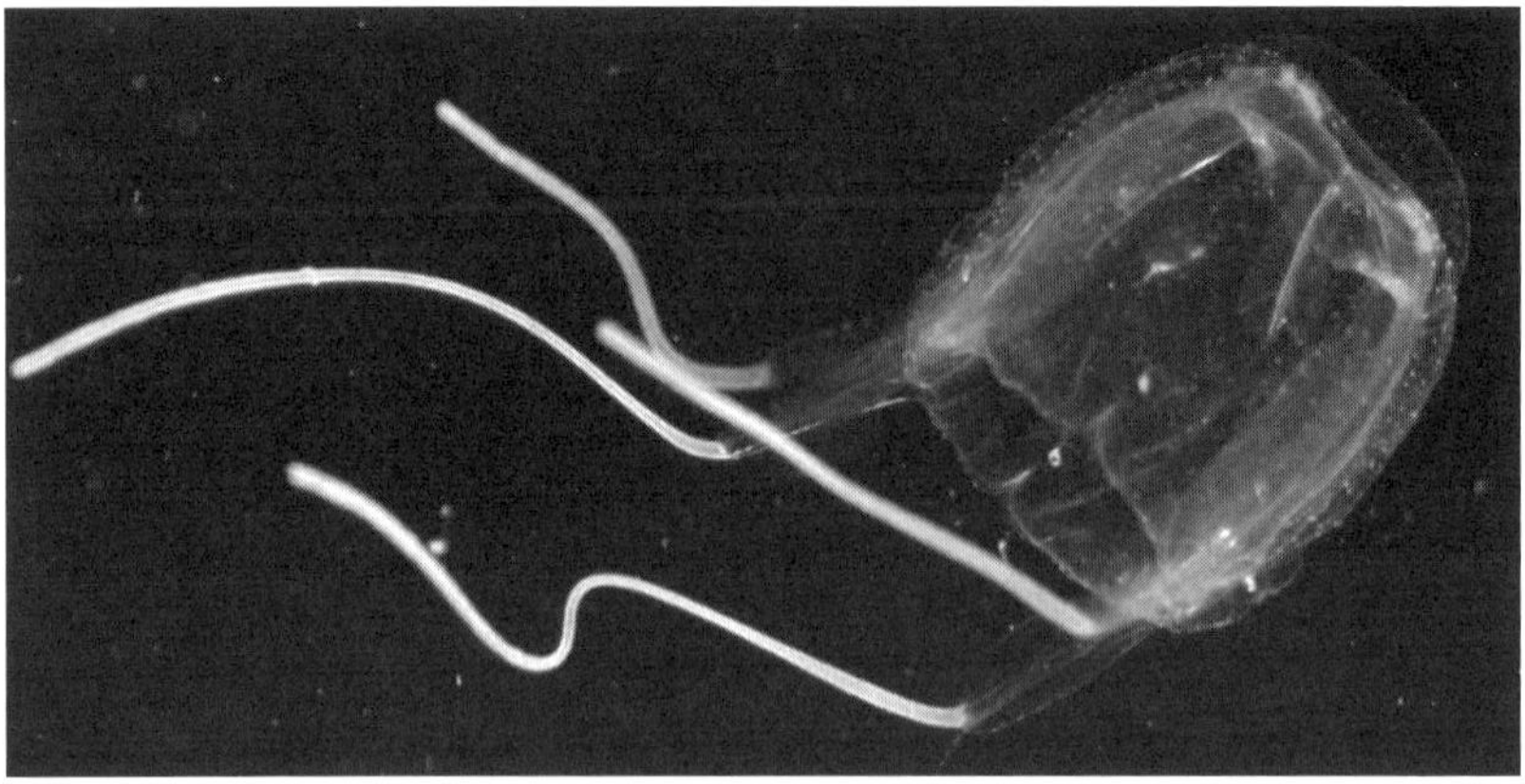

アンドンクラゲ（箱虫綱）

この鉢クラゲ類は、世界に数百種はいるとされている。深海性だと黒色か暗褐色で、深海魚と同じように奇怪な体つきをしているものが多い。

次の「箱虫綱」、いわゆる「立方クラゲ類」も、単体の大型クラゲだ。

5億数千万年前、カンブリア紀初期の化石が出ているようなかなり古い種で、以前は鉢クラゲ類の仲間とされていた。

遊泳能力も感覚も抜群の〝優等生クラゲ〟である。

眼が精巧で、レンズも網膜もあり、人間のように像を結んで形を映すことができる。

そしてなんとこのクラゲたちは、体を折り

たたんで全く動かない、いわば睡眠の時間も確保しているのだ。

世界にわずか数十種と、種数がかなり少ないので、海ではあまりお目にかかれないだろう。

それでも、沖縄に行くと、ハブクラゲに出会えるかもしれない。これは大人の手の平サイズになる透明なクラゲで、触手が数メートルも伸びる。名前を聞けばピンとくると思うが、強い毒を持っており、刺されれば死んでしまうこともある。

立方クラゲの仲間には、いくつもの危険な種が知られているが、特にオーストラリア産のウミスズメバチクラゲは、想像を絶する殺傷能力の高さだ。

三番手の「十文字虫綱」のクラゲは、不思議なクラゲだ。

実際に見ていてもクラゲだとはわからないだろう。この仲間は全く泳げず、一生浮遊もしなければ遊泳もしない、いわば〝カナヅチクラゲ〟なのだ。それは、クラゲとポリプが合体した体つきになっているためである。

「十文字クラゲ類」の体の一番下には吸盤のようなものが１つあって、これで海藻などに付着している。だからといって、付着したきり全く動かない固着生物、というわけで

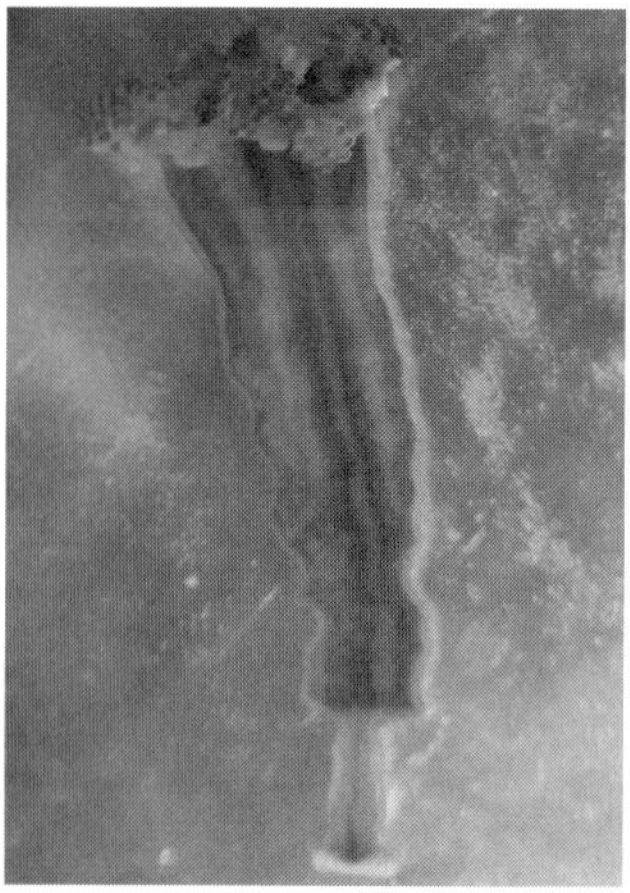

アサガオクラゲ（十文字虫綱）

はない。昆虫でいうと、いわばシャクトリムシのような方法で移動するのだ。付着した場所から体を浮かさずに、一方の体の端を先方に伸ばし、そこまで残りの体を屈曲させて密着させる。まるで尺をとるかのような歩き方である。

十文字虫綱は寒くて浅い海に住んでおり、日本だと北海道に多く見られる。体長が数センチしかなく、世界に数十種しかいない。

興味深いことに、この仲間の種のものと思われるカンブリア紀初期の化石が見つかっていて、箱虫綱のものよりも古いのだ。刺胞動物門のクラゲ類の「ご先祖様」である可能性がある。

そして最後に残ったのが、「ヒドロ虫綱」、いわゆる「ヒドロクラゲ類」だ。ベニクラゲはこのグループに所属する。

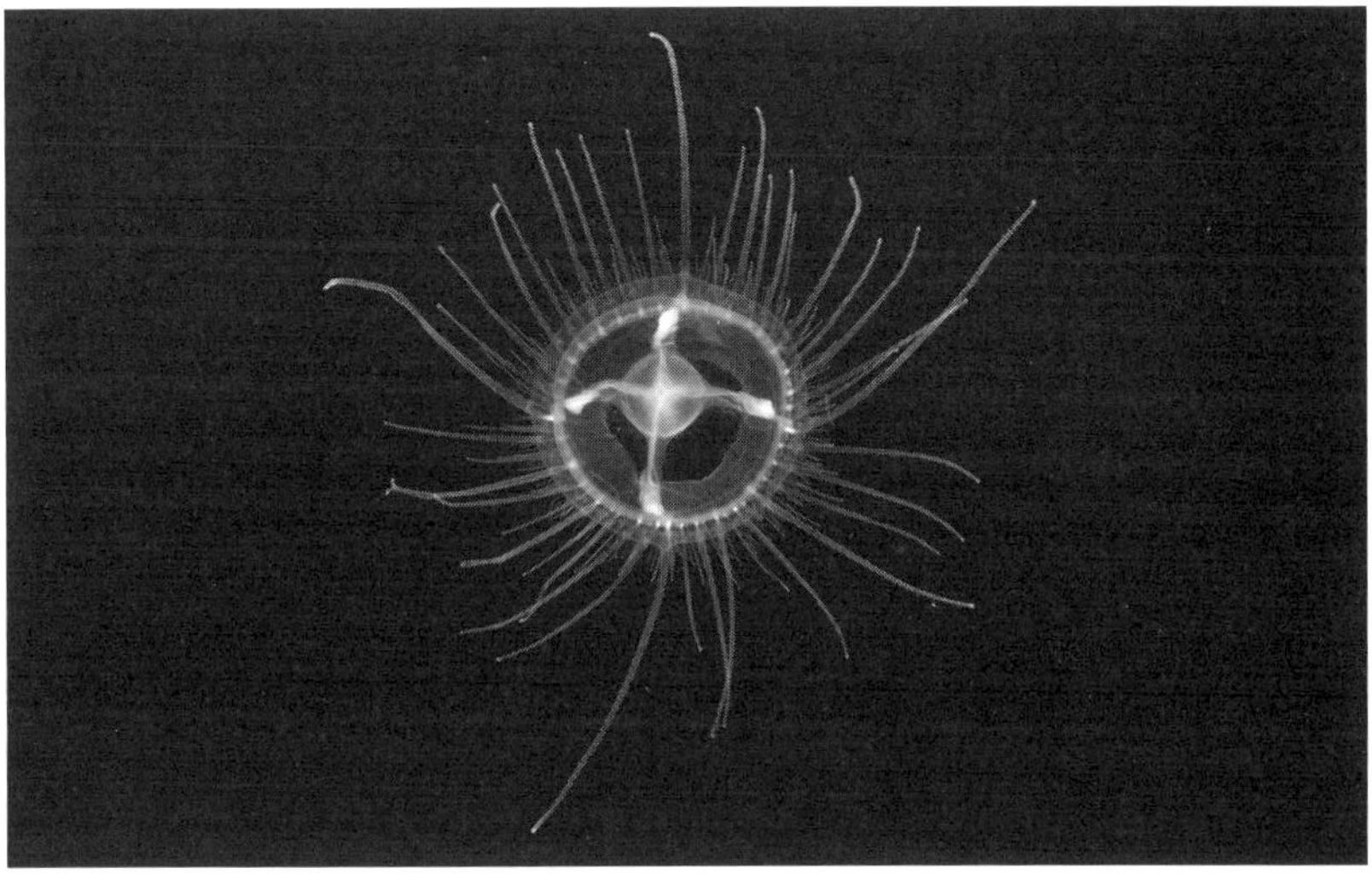

マミズクラゲ（ヒドロ虫綱）
写真提供：新江ノ島水族館

クラゲの綱の中では種類が最も多く、世界に数千種もいる。ほとんどの種は海で生活するが、マミズクラゲなどの淡水産種もある。単体性のクラゲはシンプルな構造のものから複雑な体つきのものまであるし、複数個体がつながって血肉を分け合うような体になっている群体性の種もある。群体性のクラゲをつくるのはヒドロクラゲ類だけだ。

縁膜という薄膜を、傘の周囲に張り巡らせているのが特徴である。その中に開いている穴から傘の中にある海水をジェット噴射で押しだし、拍動移動する。

大きさもさまざまで、全長40メートルにも達するとんでもなく巨大なクラゲもいる。管クラゲ目に属するマヨイアイオイクラゲは、単体としては小さいのだが、群体性で、遊泳部・摂食部・生殖部などの器官が機能を分担している、いわば多形のつくりのクラゲだ。もっとも、このとてつもなく長いクラゲは実際に肉眼で観察されたのではなく、海洋のやや深いところにいるときに、潜水艦のソナー探知によって画像がとらえられたのみである。だが、これが重なりなどなく1個体として実在しているのだとしたら、動物界で世界最長になる。

一方、ベニクラゲは大きくても1センチ程度。花クラゲ目という、色美しく、花のような分類群に属している。花クラゲの仲間は、体の中央の口柄の外側に生殖巣がくっついて形成されるのが特徴で、眼を持つ種も多い。しかし、体のバランスを取る丸い球状の平衡胞《へいこうほう》や棒状の感覚棍《こん》を持つ種はいない。

不老不死の進化は新しい!?

このように多種多様なクラゲは、そして不老不死のベニクラゲは、いったいどのようにして生まれてきたのだろうか。

そもそも、クラゲは地球上に何種類存在するのだろう。これは難しい問いだ。クラゲは海のあらゆる場所に生息していて、調査ですべての種を網羅することはまず不可能だし、「クラゲ」に何を含めるかという分類上の問題もある。形はクラゲに見えないが、性質はクラゲと同じといった、判断に困る種がいくつか存在するのだ。

クラゲの祖先は、約６億年前に地球上に出現したとされている。さまざまな種類が生まれては消えをくり返し、徐々に種類を増やしていったようである。ただ、それぞれの種の出現時期・場所・経緯に関して、はっきりと把握することは難しい。水分が多くて骨格を持たないクラゲは、体そのものが化石として残ることはなく、手がかりとなるの

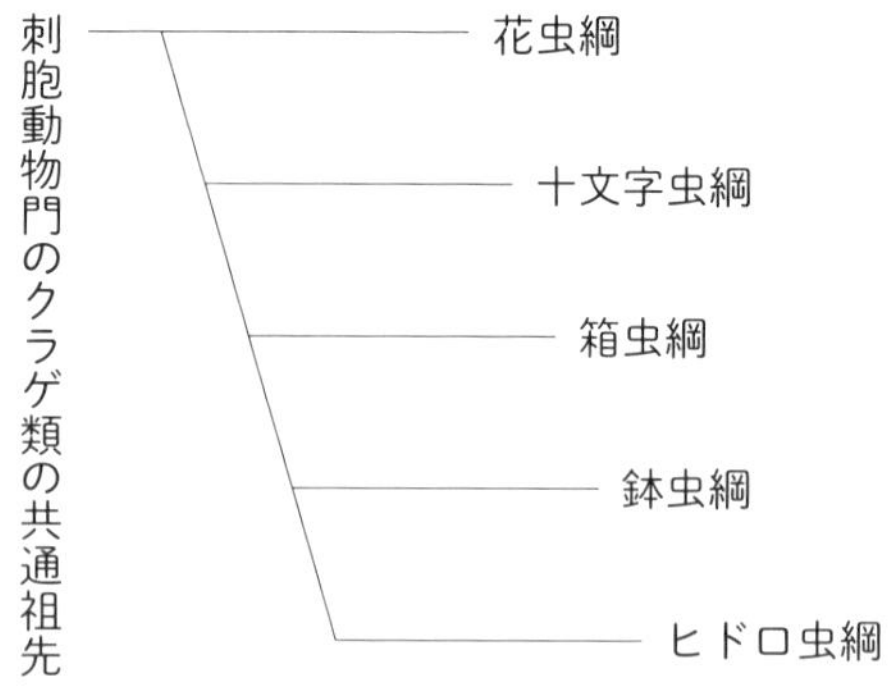

刺胞動物門のクラゲ類の系統樹

は主にプリントされた形で残る印象化石だからだ。

刺胞動物門に関しては、まずヒドロ虫綱のようなシンプルな構造のクラゲが誕生し、その後、鉢虫綱・箱虫綱・十文字虫綱の共通祖先、次いで花虫綱が生まれ、分化していったのだと以前は考えられていた。実際に、クラゲの構造はシンプルなものから複雑になっているのである。

しかし、最近、遺伝子解析によって正反対の系統樹が支持されることになった。つまり、花虫綱、十文字虫綱、箱虫綱、鉢虫綱という順に生まれ、最後にヒドロ虫綱が誕生したというのである。この系統樹にしたがえば、わたしたちがよく知っている大型のクラゲができたあとに、小さくて目には見えにくいクラゲが誕生したということになる。一方、クラゲのポリプはクラゲの進化とは逆に、目に見えにくい小さなものから、海藻のように大きいものが現れたということだ。

これは、刺胞動物の先祖はクラゲなのか、ポリプなのかという、クラゲ界の「にわとりと卵」問題にヒントを与える大きな発見だ。つまり、今支持されている系統樹は、クラゲ類はまず最初にポリプという形で存在し、その後クラゲ世代を発明したのだということを表しているのである。刺胞動物門のクラゲの中で最も古い化石が発見されている十文字虫綱が、ポリプのような体つきをしているのもうなずける。

そして、一番新しい分類群であるヒドロ虫綱に属するベニクラゲは、クラゲ類の長い進化の過程を経て生まれてきた種だといえるだろう。つまり、「不老不死」の進化は新しいということが、示唆されているのである。

Column

1

クラゲの祖先に近いのは？

刺胞動物門のクラゲの進化の順番に関しては、いまだに議論がなされている。古くは、そもそも刺胞動物門には3綱しかなく、ヒドロ虫綱の祖先が最初に生まれ、次に鉢虫綱、最後に花虫綱という順に出現したと考えられていた。当時発見されていたクラゲの最古の化石がポリプのそれよりも古い時代のものだったため、ポリプはクラゲのあとに進化していったのだろうと考えられたわけである。

ポリプの体のつくりがこの順に複雑になり、最後の花虫綱では、わたしたちにつながる左右相称（縦軸で分けたとき、その左右の両側が対称になっていること）という特徴がすでに見えることも、この系統樹が支持されていた理由だった。これによれば、クラゲも単純な体から複雑になったということになる。

しかし、遺伝子解析が進むと、反対の系統樹が支持されるようになった。つまり、まず花虫綱の祖先が生まれ、次に鉢虫綱、最後にヒドロ虫綱が誕生したというわけである。刺胞動物の系統樹の出だしと終わりが入れ替わったのだ。

さらにその後、箱虫綱と十文字虫綱が、鉢虫綱とは別個のグループとされ、一番古い化石が見つかった十文字虫綱が、クラゲ類の中では最初に出現したのだろうということになった。つまり、最初クラゲ類は花虫綱と同じく、海底暮らしをしていたわけである。やがて、分散可能で浮遊・遊泳をするクラゲ（しかも長生きする複雑で大型のもの）を発明し、その後シンプルで短命なものに進化したということだ。

ただし、そもそも系統樹には本来、時間軸は入っていない。遺伝子解析によるものにしても、それはＡＴＧＣの塩基配列の組み合わせの違いを図にしているだけであって、全く時間の要素は含まれていないのだ。

そういう意味でいうと、真の進化の道筋をたどるのは、至難の業なのである。

第2章

ベニクラゲの一生

クラゲはずっと〝クラゲ〟なわけではない!?

クラゲはどんな一生を過ごすのだろうか?

現在クラゲは、極海から熱帯、沿岸から深海まで、海洋のありとあらゆる場所に生息し、各々の生活圏に適応した一生を送っている。そのため、クラゲの各種のライフサイクルは、それぞれ少しずつ異なっている。

有櫛動物門のクシクラゲ類は、オスとメスが一体になっており、体外受精した卵は、あっという間に親そっくりの幼生クラゲになる。

しかし、そのほかの刺胞動物門のクラゲの大半は〝クラゲ〟として生涯を全《まっと》うするわけではない。

どういうことか。つまり、クラゲの成長過程に、〝クラゲ〟とは異なる形が出現する

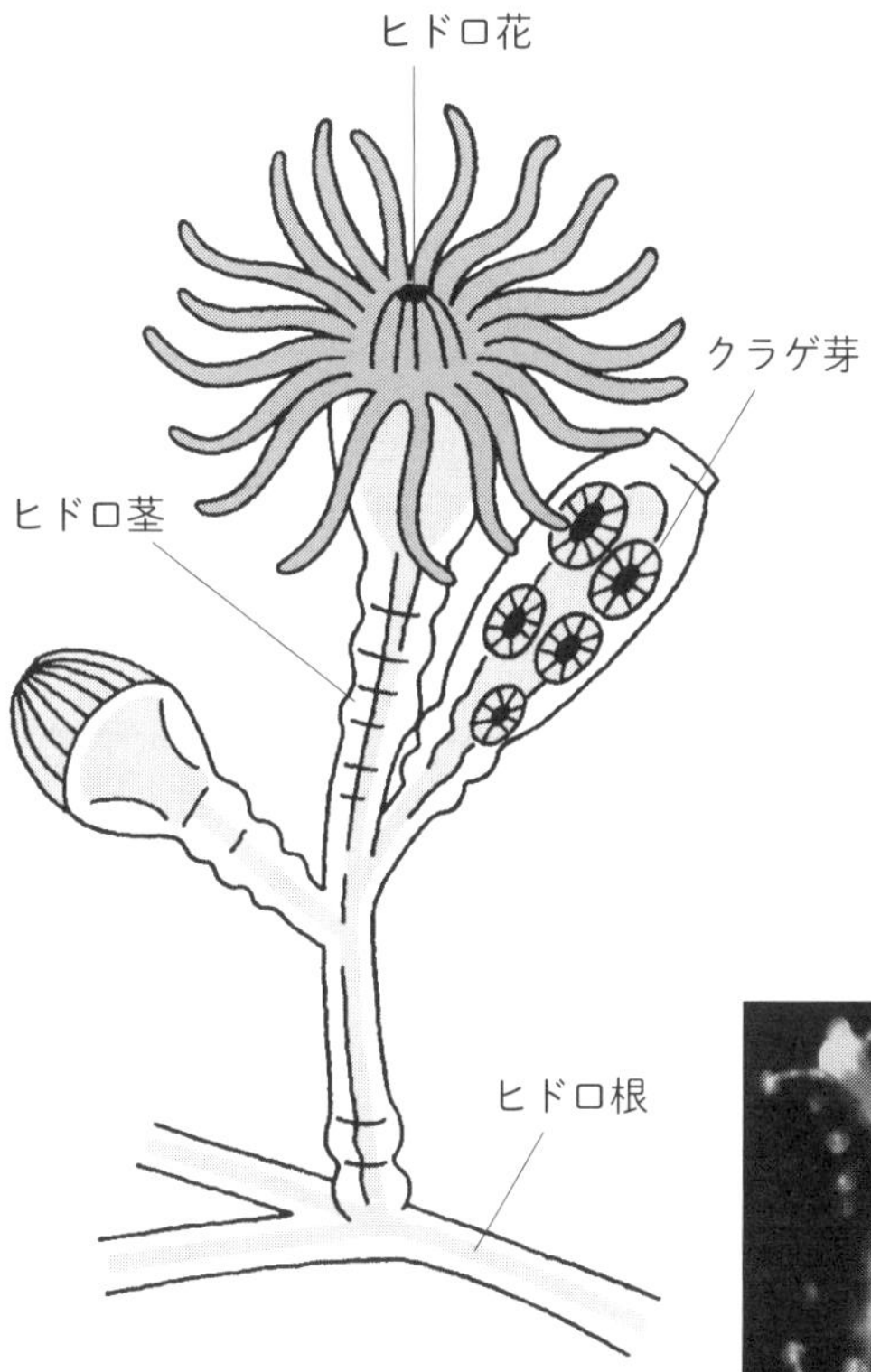

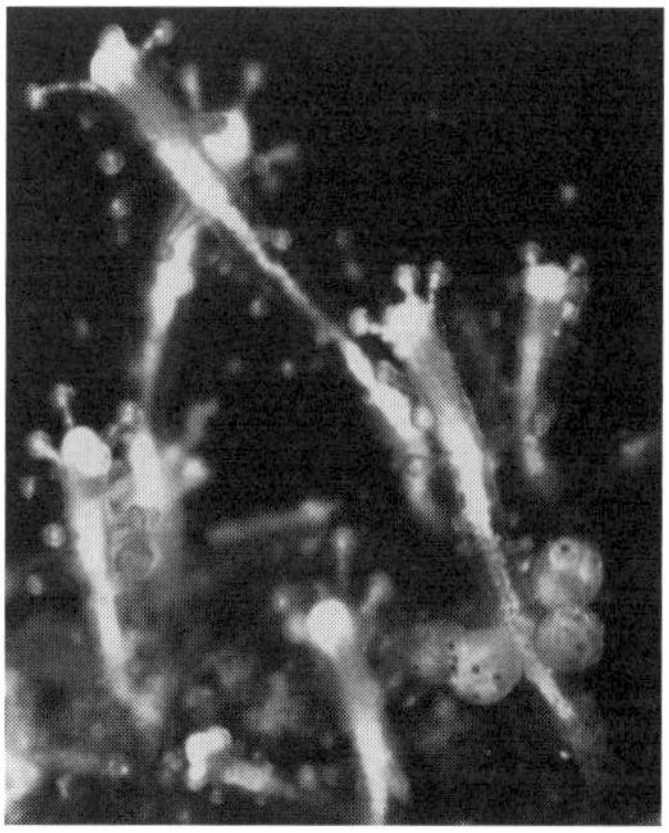

ヤマトサルシアクラゲ
(ヒドロ虫鋼)のポリプ

ヒドロポリプのつくり

のだ。〝ポリプ〟である。海底などで付着生活を送るポリプ世代があることによって、刺胞動物門のクラゲの一生は、昆虫にも匹敵する複雑なものになっているというわけである。

若い時代のポリプは、植物に見立てられる。というのも、根や茎、花にあたるような部位があるからだ。ポリプにはクラゲが持っているような精巧な感覚器がないので、刺激に対して敏感に反応するなど、動物的でリズミカルな動きはしない。

有性のクラゲ世代に対して、ポリプ世代は無性だ。ポリプは無性生殖で自身のクローンを増やしていき、クラゲ世代は有性生殖を行って子どもをつくるというわけである。

ポリプ世代とクラゲ世代は通常、外見が全く異なるため、まさか同じクラゲの異なる発育段階だとは思えないことも多い。しかも、若いポリプは近縁種だとかなり似通っているし、近縁でなくても成体のクラゲの外形が互いに似ていることもある。これでは、どのクラゲとどのポリプがセットなのか、形だけで判断することは難しいのだが、最近は遺伝子情報を読み取って同定できるようになりつつある。

クラゲたちの複雑怪奇な成長過程

刺胞動物門のクラゲの変態を見てみよう。

大型の鉢虫綱のクラゲは雌雄異体。おとなのクラゲのオスが精子を、メスが卵を海中に放出し、卵が受精すると卵割が始まる。

それがさらに進んでいくと、プラヌラという幼生になる。

この幼生が海底に付着してポリプとなり、「出芽」という方法で増殖、分裂していく。ポリプは、温度変化を感覚細胞で読み取りながら、繁殖時期を察知すると、伸ばした体の上部を幼体クラゲであるエフィラにつくり替える。エフィラをつくった状態のポリプは、ストロビラと呼ばれる。

ときが来れば、エフィラはポリプから分離して海の中に放りだされ、自分でプランクトンを食べて成長する。このエフィラは、数ヶ月も経てば成熟期を迎えておとなのクラゲとなり、再び有性生殖を行うのだ。

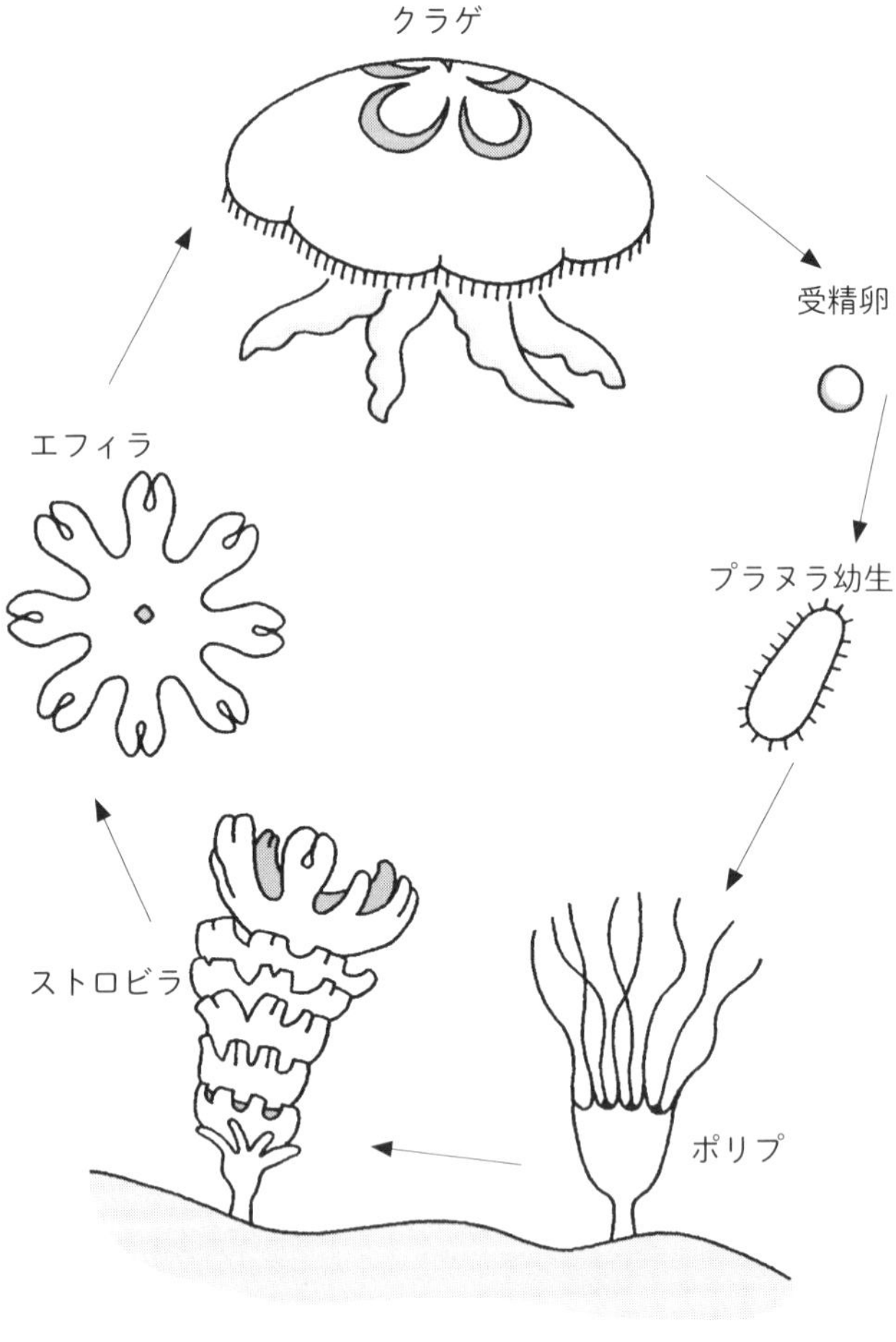

鉢虫綱のクラゲの生活史

箱虫綱のクラゲは、生活史がまだよくわかっていない種がたくさん存在するが、基本的には鉢虫綱のクラゲと同じような一生を送る。

ただ、解明されたことから推測すると、どうやら箱虫綱のクラゲは、1つのポリプがそのまま1つのクラゲに変態するようなのだ。幼体のクラゲを切り離してポリプはそのまま別個で生き続ける鉢虫綱とは、大きく違っている点である。

また、ポリプから変化するときは、最初から成熟したクラゲに似た形をしているのも特徴だ。ヒドロ虫綱のクラゲに見えてしまうこともよくある。


十文字虫綱のクラゲは、泳げないプラヌラから泳げないクラゲに成長する不思議ちゃんである。変態はしない。プラヌラが海底をしばらく匍匐《ほふく》したあと、どこか固い場所に付着すると、おとなを小さくしたような姿になり、だんだん成熟していくのである。


ヒドロ虫綱のクラゲの一生は、鉢虫綱のクラゲのそれと大きな差はない。

ただ、クラゲのつくり方が違っている。ヒドロ虫綱のクラゲは、ポリプに柄をつくってから木の実のようにできる。自分の体を区切ることはない。

ポリプの形態にも大きな特徴がある。鉢虫綱も箱虫綱も、1つの個体で1つのポリプを形づくっているが、ヒドロ虫綱の多くの種類は、1つの個体が複数のポリプを形成するのだ。要するに、群体性のものが多いのである。

ポリプは体のいろいろな部分に小さな芽を突きだし、自分のコピーを作成していく。芝生状になったり、灌木《かんぼく》状になったりする。このコピーを1つずつ切り離して独立させるのが単体のポリプ、切り離さずに新しくできたポリプとくっついたまま共に生活をするのが群体のポリプということになる。

このようなポリプの体のさまざまな部分から、クラゲ芽というものがつくられる。このクラゲ芽は種によって伸びてくる場所が異なり、ポリプの花の部分にできたり、茎や根の部分にできたりする。やがてときが来ると、1つの芽から1〜数体のクラゲが誕生していくというわけだ。

生き残るためには二刀流が基本

生物にとっての最大の目的は、ずばり「種の繁栄」である。わたしたち人間は、有性生殖、つまり子どもをつくることによって個体数を増やしてきた。

クラゲも、人間と同様、有性生殖で増えることができる。

有性生殖は、遺伝子型の異なる個体を生みだせることが一番大きな特徴だ。遺伝子情報の異なる精子と卵子を合体させるため、子どもは必ず親とは別の遺伝子型を持っていることになる。

完全に同じ遺伝子型の個体しか存在しないのであれば、突発的な環境の変化によって一気に絶滅してしまう危険があるはずだ。有性生殖によって異なる遺伝子型を生みだし、さまざまな気候や場所に対応できるような種を送りだしてきたからこそ、クラゲは長い生存競争を勝ち抜いてきたといえる。要するに、バリエーションをつくっておけば、そのうちどれかは生き残るだろうという考えである。

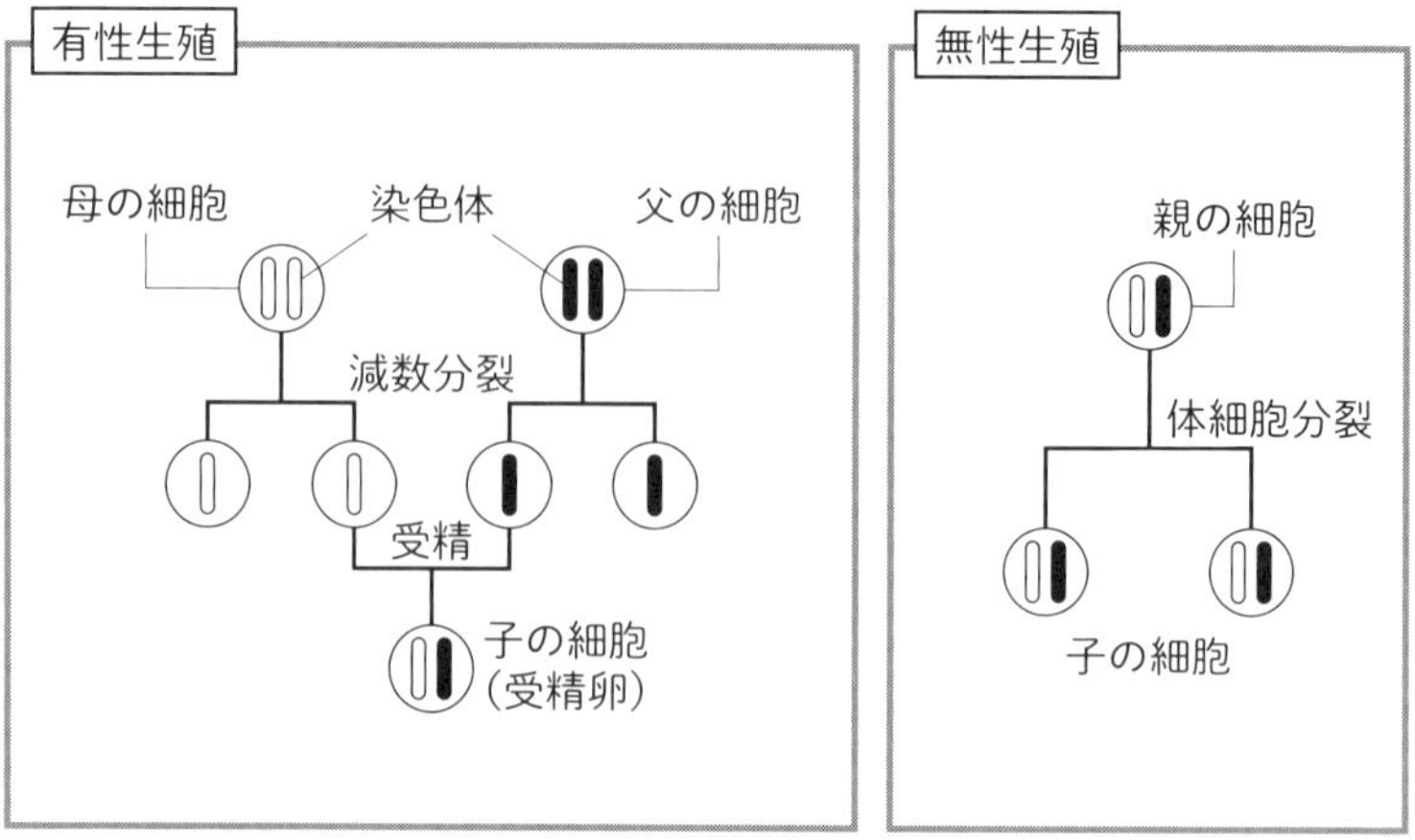

有性生殖と無性生殖のしくみ

有性生殖が、「当たるも八卦当たらぬも八卦」というような種の全滅のリスクを抑えたのだ。

ただ、個体数を増やすためには、やはり無性生殖が効率的な方法だ。クラゲは、有性生殖だけでなく、無性生殖もできてしまう。

クラゲの無性生殖の方法には、大きくいって2つある。

1つ目は、「出芽」によって、自分自身のコピーをつくる方法だ。クラゲのさまざまな部分に、自分の分身となる芽をつくっていくわけである。あるものは傘の縁に、別のものは口柄にという具合だ。

この出芽は、ポリプ世代で普通に見られるが、クラゲになってから出芽によってコピーをつくる種もある。たとえば、コモチクラゲやシミコクラゲがそうだ。芽がどんどん成長し、母体のクラゲと似たような姿に変化していって、やがて切り離される。放たれたクラゲは別の個体だが、クローンの１つとして水中を浮遊し、一生を歩み始めるのである。

この、コピーされたクラゲの成長は速い。あっという間に大きくなったかと思えば、さっさと自分も芽をつくってコピーを生みだしていく。出芽によるコピーは、短時間で効率よく増殖するにはもってこいの方法なのである。

２つ目のクラゲの無性生殖の方法は、分裂だ。

自ら体を切り裂いて分裂していき、個体数を増やす方法である。ヤクチクラゲがこの方法を用いる。

クラゲの体の中心から２つ、あるいは３つに体を裂き、分かれていくのだが、この方法にはリスクもある。というのも、切り分けられた体に口柄が含まれていないと、餌を取って栄養を摂取することができないからだ。そのため、分裂の前に、放射管のあちこちに口柄を複数つくり、それぞれの体に口柄がきちんと含まれるように準備をする。
クラゲ世代だけでなく、ポリプ世代でも、切り裂き方式で分裂していくことがある。たとえば、鉢虫綱のクラゲのポリプは、サンゴやイソギンチャクのように縦半分に体を割り、分裂していく。ただ、分裂の最中は内臓が丸だしになるため、ポリプにとってはかなりリスクの高い分裂方法だ。

ほかにも、鉢虫綱のポリプの中には、「落とし物方式」の分裂を行うものもある。エチゼンクラゲもその1つ。
体の一部分を元の場所に残しながら移動するという分裂方法だ。残された断片は生きており、そこからまたコピーを生みだしていくのである。チギレイソギンチャクも同様の方法で増えるからおもしろい。

このようにクラゲの全生活史をたどってみると、クラゲ世代が有性生殖を、ポリプ世代が無性生殖を実行するというのが基本的な個体数の増やし方だということがわかる。ポリプのときには無性生殖によって自分のクローンをつくり、とにかく個体数を稼ぐ。

そして、クラゲになったあとは、無性生殖をしようがするまいが、わたしたちと同じ雌雄の有性生殖で遺伝子型の異なる個体を生みだしていく。しかも、クラゲは移動することができる。より広い範囲に種を分布させるには、クラゲ世代はうってつけなのだ。

さまざまな環境に適応できる遺伝子のバリエーションをつくりつつ、個体数自体も増やすという二刀流の生存戦略。これこそが、クラゲの繁栄を支えてきたといえる。

ベニクラゲ流　一発逆転の極意

クラゲ自体の一生も、千差万別で不可思議、かつ魅力的だが、ベニクラゲのそれは、もはやミラクルである。基本的なヒドロ虫綱の生活史をなぞっているが、ある点でそれが逆転するのだ。

成熟したベニクラゲのオスとメスは、口柄の周囲に生殖巣を形成し、メスは卵を、オスは精子をつくる。そして、ある時間帯にいっせいに放卵放精する。光が感知できる程度の単純な眼は持っているので、メスとオスはおたがいにシンクロナイズしながら受精を実行できるのだろう。卵がうまく受精すると、卵割が進んでいき、1日もかからないうちにプラヌラ幼生（口絵3）になる。

プラヌラは、単細胞動物と同じくらいの大きさで、楕円体の体つきだ。海中をゆっくり回転しながら浮遊する。このプラヌラをよく観察すると、みななぜか時計回りに回っ

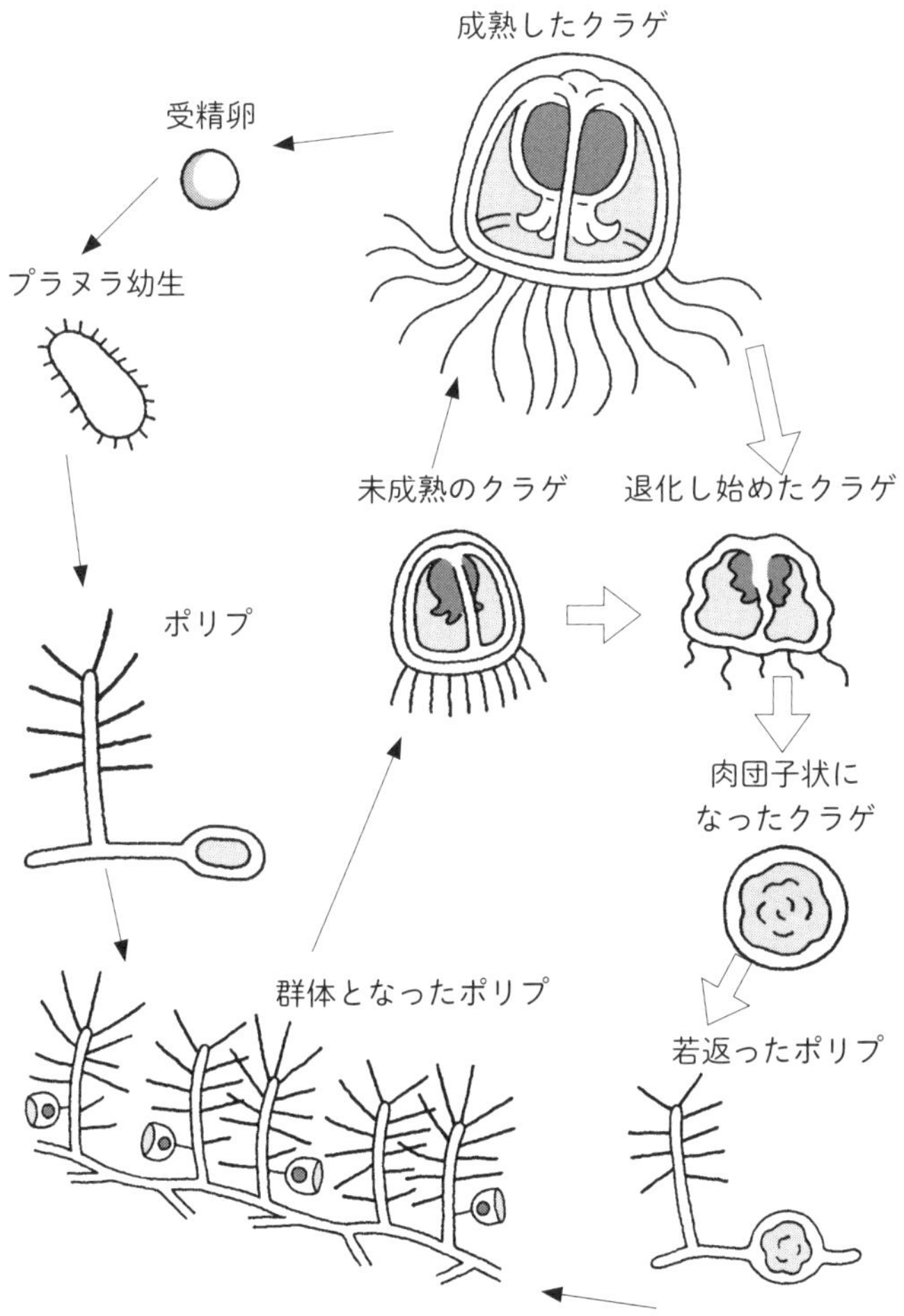
成熟したクラゲ
受精卵
プラヌラ幼生
ポリプ
未成熟のクラゲ
退化し始めたクラゲ
肉団子状に
なったクラゲ
群体となったポリプ
若返ったポリプ

ベニクラゲの生活史

ている。これは、どのクラゲのプラヌラにも共通する特徴だが、なぜこんなことをするかの理由はまだわかっていない。ただ、もしかするとプラヌラの毛の生え方が影響しているのかもしれない。プラヌラの体は毛だらけで、これを使って移動し、付着先との出合いを待っているのである。

しかし、赤ちゃんであるプラヌラが付着先を見つけるのは、宇宙船が星に着陸するくらい難しいのかもしれない。実験室の飼育容器の中でも、なかなかプラヌラが付着しない場合はあるし、逆に複数がかたまって同じ所でくっつきあっていることもある。個体数を確実に増やしていくことを考えれば、できるかぎり先客がなく、着陸しやすい固い場所を選びたいところである。

プラヌラがうまい具合に海底の固い岩や貝殻に付着することができると、まずは団子状になる。その後、根を伸ばし、まるで植物のように茎を立たせ、花を開かせていく（口絵4）。そして、四方八方に広がって、分身をつくり上げていくのだ。出芽による無性生殖である。それぞれの分身を「個虫」といい、全体をまとめてポリプと呼ぶ（口絵5）。

水温が25度くらいの暖かい時期になると、ポリプはあちこちの個虫の茎にクラゲ芽をつける（口絵６）。果物のように、茎に「クラゲの実」がたわわに実るのである。やがてそれぞれが若いクラゲとなって、ポリプの各枝を離れ、独り立ちする（口絵７）。その後、海中を浮遊するプランクトンを食べて、おとなになっていく。

若いクラゲでは、性別は全くわからない。生殖巣が完成し、成熟して初めて、オスかメスかがわかるようになるのだ。成熟したクラゲは再び有性生殖を行って、子孫を残していく。

ここまでは、ほかのクラゲとそれほど変わらない。

では、ベニクラゲは何が特別なのか。

それは、成熟したクラゲからも、若いクラゲからも、そして老化したクラゲからさえ、ポリプに戻るルートがあることだ。いってみれば、蝶が芋虫になるのである。

通常、年老いたおとなのクラゲは、泳げなくなって海底に沈んでいく。クラゲの一番の特徴であるゼラチン質の部分が退化し、触手は消え、肉団子のようなシンプルな形になる。その後、すべてが海中に溶け去ってしまうのである。

しかし、ベニクラゲは肉団子状態になると、キチン質の膜で体を覆う（口絵10）。そして、海底の固いものにくっついて、再びポリプになっていくのである（口絵11）。まさに、生活史を逆転させる「若返り」だ。

若返り現象を完了させるのに要する時間は、暖かい時期だと約2、3日。いったい、なぜこんなことができるのか。

それを突き止める鍵は、ベニクラゲとわたしの長い付き合いの中にあるかもしれない。

Column 2 ベニクラゲのアナーキーすぎる卵割

ベニクラゲの変わった特徴がある。それは「卵割」だ。

卵割とは、受精卵の細胞分裂のことを指す。

地球上の大半の動物は、卵の全体が受精膜に包まれているため、卵割時もひとかたまりになって、細胞を区切っていく。受精膜は、まずは個々の細胞がバラバラにならないために機能しているわけである（このほかにも、余分な精子が卵に侵入するのを防いだり、細菌などの攻撃から卵を守ったりする役割がある）。

ところが、刺胞動物と有櫛動物は、受精膜なしで受精卵を細胞分裂させる。2つの細胞に卵割するときから、両細胞同士を接着させる装置ができるのだ。電子顕微鏡を使ってやっとその部分が見えるような超ミクロな装置で、いわゆる「セプテー

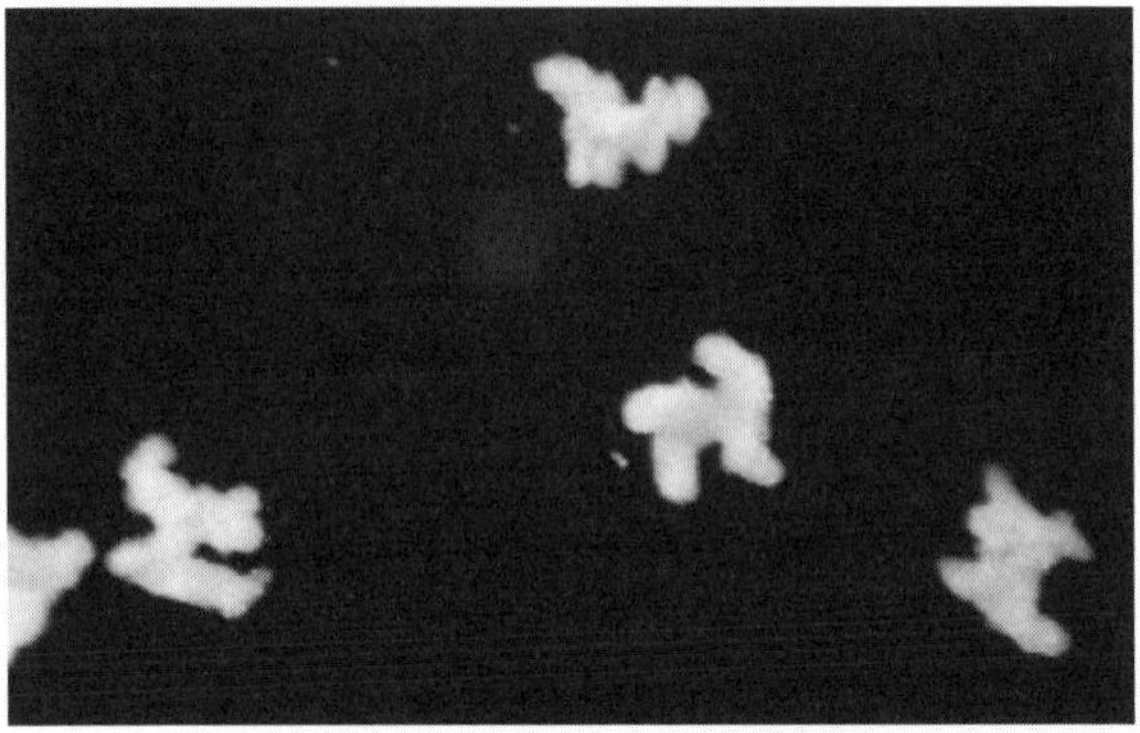

ベニクラゲのアナーキー卵割

ト結合」を行うのである。したがって、受精膜はお役ごめんということになる。こうして受精膜なしでも卵は1つにまとまりつつ、多細胞になっていく。

刺胞動物と有櫛動物の卵割はみな規則正しい。らせん型や放射型ではなく、ハート型という形に沿って、細胞は分割していく。

しかしながら、ベニクラゲは、もはや奇形と見間違うほどのおかしな卵割をするのである。卵割が進行するにつれて、それぞれの胚が違う形になるのだ。

1つの丸い卵が、2つ、4つと分かれていくときまではまだ規則的で、普通のハート型卵割だ。しかし、卵割が進んでだんだん細胞の数が増え、8つ以上になれば、もうぐちゃぐちゃである。何百の数に達すると、X型やH型、L型、Y型といったさまざまな形が出現する。いってみれば、レゴを積み上げて形をつくっていくような、なんでもありのアナーキー卵割である。

このような無秩序な卵割でも、最終的には、形の整ったプラヌラ幼生になって単繊毛（1つの細胞に毛が1本）を生やし、遊泳できるようになるのだから不思議だ。不老不死のクラゲが抱える、大きな謎の1つである。

Column 3

無性生殖をすべきか、せざるべきか

クラゲが二刀流の生存戦略を駆使して個体数を増やしていることを述べたが、中にはポリプの時代を経ずに、すぐにクラゲになってしまうものもいる。わたしたち人間と同じように、おとなになれば子どもをつくって、やがて死んでしまうのである。

この成長過程は「直接発生」、あるいは「直達発生」と呼ばれているが、鉢虫綱のオキクラゲや、ヒドロ虫綱のカラカサクラゲなどの硬クラゲ類全種が、そんな生き方をしている。

ポリプの世代を経ず、無性生殖ができないということは、これらのクラゲが個体数を増やすのはかなり難しいということになる。

ポリプをつくらないオキクラゲ

では、どうしてこのようなクラゲ類にはポリプ世代がないのだろう。

そもそも古くは、クラゲの進化過程において、クラゲ世代の方がポリプ世代よりも先に出現したと考えられていた。もしそれが正しければ、クラゲの祖先種に近いものに、ポリプ世代がなくても不思議ではない。ポリプ世代のないクラゲたちは、その他の動物と同様に、受精卵から1個体として成長して、子孫をつくり、そのまま死んでいくというシンプルな一生を送っていたというわけだ。要するに、太古の時代は変態できなかったということである。だが、あるとき、海底暮らしをする若い世代、つまりポリプをつくったクラゲは、個体数を増殖させる大発明をなし遂げたのである。

クラゲ世代は無性生殖を基本的にしない。だが、ポリプは、どの種もみな出芽や分裂といった無性生殖によって増殖する。クローン生物たるゆえんだ。しかも、クラゲは数ヶ月から1年で寿命が尽きるのに、ポリプは極端に長く生きられる。ひょっとしたらもう永遠の命を授かっているのかもしれない。ポリプ世代として生き続けるサンゴが、何万年も無性生殖で生きているのはよく知られている通りだ。つまり、クラゲは、ポリプ世代をつくり出して寿命を延ばし、無性生殖で分裂をくり返すことで、ほぼ不死に近い生き方を獲得したというわけだ。

一方、クラゲ世代とポリプ世代の出現に関してはこんな考え方もあった。わたしが駆けだしの研究者だったころに想像してみたのだが、当時すでにクラゲ研究の大御所によって「アクチヌラ説」として提唱されていて驚いたものだ。それは、クラゲとポリプの進化を、次のようにうまく説明できていた。

太古では、受精卵がクラゲでもポリプでもない姿、いわゆるアクチヌラの形態に成長していた。それは単体で、プランクトンでもベントスでもない。そのような先祖から、クラゲへもポリプへも進化できる道が開けたというのである。

アクチヌラというのは、現代のヒドロ虫類のクダウミヒドラ類に特有の幼生だ。この類のクラゲは、大型で群体性の美しいポリプを持ち、ヒドロ花の周りに生殖体ができる。受精卵は、メスの中でプラヌラになったあともまだ母体から遊離せず、ベントスでもプランクトンでもない若い幼生、アクチヌラになってやっと、潮の流れに乗って分散していくのである。このアクチヌラは、いわばミニチュアの自由生活性ポリプといえる。太古のアクチヌラもこのようなものだったのだろう。


しかし、現在有力視されている説は、クラゲは最初、ポリプのような体で存在しており、その後、有性生殖によって異なった遺伝子を残すことができる浮遊性のクラゲ世代をつくったというものである。この説に基づけば、ポリプをつくらないクラゲは、もともとあったポリプ世代を捨て去ったということになるのではないだろうか。

ポリプは、無性生殖によって自身のクローンを無限につくりだせるが、どれだけ自分の分身を誕生させようと、環境の変化があれば一気に絶滅してしまう可能性が高い。一方、クラゲは、海を漂いながら、異なる遺伝子を持った子孫をいろいろな場所に残すことができる。2つの生殖方法を天秤にかけて、ポリプ世代での無性生殖は諦め、有性生殖一本に集中しようという種が出てきたとしても、おかしくはないはずだ。

もちろん、進化の過程をはっきりと証明できるわけではない。ポリプ世代を持たないクラゲが存在する意味も、推測でしかない。ただ確実にいえることは、クラゲという動物が、命のあり方、生殖のあり方の可能性をことごとく見せてくれるものだということだろう。

第３章

ベニクラゲとの日々

運命の出会い

ベニクラゲと初めて出会ったのは、1975年の夏だった。

わたしは当時、北海道大学理学研究科に入学したばかりの修士生。厚岸《あっけし》での臨海実習に参加していた。期間は2週間。寒流系の海の生物にあふれている豊かな自然の中での、少人数の合宿だ。

毎日のように船を出し、ドレッジ（底引き網）で厚岸湾や厚岸湖に生息するいろいろな無脊椎動物を捕まえる。ごったがえした採集物の中から、どれだけ多くの門の動物を探しだせるかが勝負だった。

見つけた動物は、海水を張った実習室の水槽に持ち帰る。行動を観察し、解剖で内外部の形態を把握して、かたっぱしからスケッチしていくのだ。

この合宿の中で、当時の指導教員であった山田《やまだ》真弓《まゆみ》先生が大量の長牡蠣《ながかき》の殻を持ってきた。

「これを、調べてみなさい」

よく見ると、赤い小さな点がいくつも付いている。これが、ベニクラゲのポリプだというのだ。


そもそも、ベニクラゲのポリプを採取することは非常に難しい。おそらく、ひっそりと小さくまとまっていて、目に触れにくいからだろう。

「ベニクラゲのクラゲはプランクトンネットで頻繁に採取できるけど、ポリプはなかなか見つからなくてねえ……」

常日頃から、山田先生もこんな風にこぼしていた。ヒドロ虫綱のポリプの系統分類学において大家だった先生にとってさえ、ベニクラゲのポリプの採取は極めて難易度の高いものだったのだ。

これは、当時からすでに40年以上経っている今でも同じ状況だ。日本でベニクラゲのポリプを自然の海から採取した例は、ごくわずか。１９６９年に天草産のポリプを報告した昭和天皇の例が初記録である。わたし自身、長い研究生活の中で自らポリプを採る

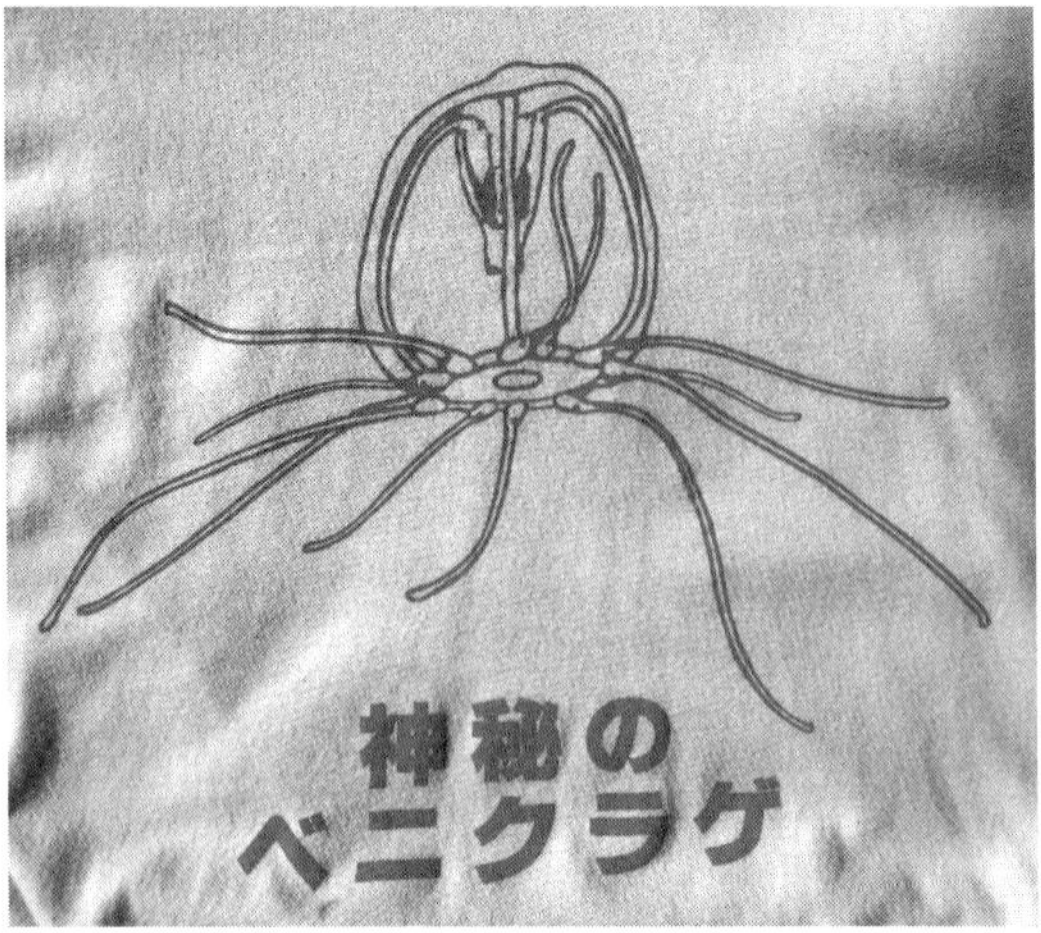

初めて出会ったベニクラゲのスケッチをプリントしたTシャツ

ことができたのは、たったの1回きりだ。

ただ、山田先生は厚岸湖で採集をくり返しているうちに、幸運にも牡蠣の殻にポリプが付いているのを発見したのである。そのおかげで、自然環境で生きているポリプをわたしに見せてもらえることになったというわけだ。

山田先生から渡された長牡蠣をいそいそと実験所に持ち帰り、ポリプを切り離して実体顕微鏡で拡大して見た。

もうクラゲ芽が出ている。

飼育を始めてすぐに、たくさんの若いクラゲが放たれた。生まれたばかりのクラゲたちは、やっと得た命を謳歌するかのように、元気に浮遊していく。

本当に、ベニクラゲだった。

嬉しく、感動の初対面を記念して、その場ですぐにスケッチを描いた。

しかしこのとき、まさか将来自分がこのクラゲを相手に格闘することになるとは、夢にも思っていなかった。

すべての原点は海にあり

わたしは、1952年、愛媛県松山市三津浜に生まれた。三津浜は、『坊っちゃん』の主人公が赴任先の四国に着いて最初に入った町のモデルとされているところ。豊かな海が間近にあった。

小さいころから、わたしは海の生物がとにかく好きだったらしい。母から聞いたところによると、行商が家に魚を売りに来る度に、それぞれを指差しては摑んで「これはマゴチ、これはトラハゼ」とまくしたてていたという。「もう坊ちゃん、勘弁してくれ。キスゴをあげるから勘弁して……」などと懇願されるほど、行商泣かせだったそうだ。

小学校に上がると、放課後には1人で海に向かった。釣りのためである。小ダイやアジ、カマス、アブラメといった瀬戸内海の雑多な魚たちを釣った。指に当たりが来て、竿をしゃくり、糸をたぐり寄せて釣り上げる。ドキドキとワクワクの体験である。また、当時は防波堤が完成しておらず、潮が引くといけすのようになっていたのだが、中に取り残された魚やカニがたくさんいて、それらをヤスで突いたりもした。

とにかく、毎日大漁だ。釣った魚を家に持ち帰れば、母や祖母が、焼き魚や酢漬け、しょうゆ漬けにしてくれた。

こうして海の生物に興味と親しみを持てたわけだが、殺すのが嫌だという感情は当時は全くなかった。まず「おいしい」のが何よりだったのである。


海の生物への知的好奇心を刺激してくれたのは、むしろ図書館だった。あるとき、深海でマッコウクジラとダイオウイカが戦う本を見つけた。

「海の深いところでは、こんなことが起きているのか！」

根が単純なので、これであっさりと深海生物に興味を持ったのである。ちょうどそのころ、ジュール・ヴェルヌの『海底二万里』を手に取ったのだが、おかげでますます海の虜になってしまった。潜水艦で世界を回りながら海の生物たちを研究する。そんな暮らしに憧れていたのを覚えている。

ただ、クラゲには全く興味を持っていなかった。クラゲのクの字も知らないレベルである。海水浴場でたまに、白くて大きなふわふわしたへんてこなやつ（ユウレイクラ

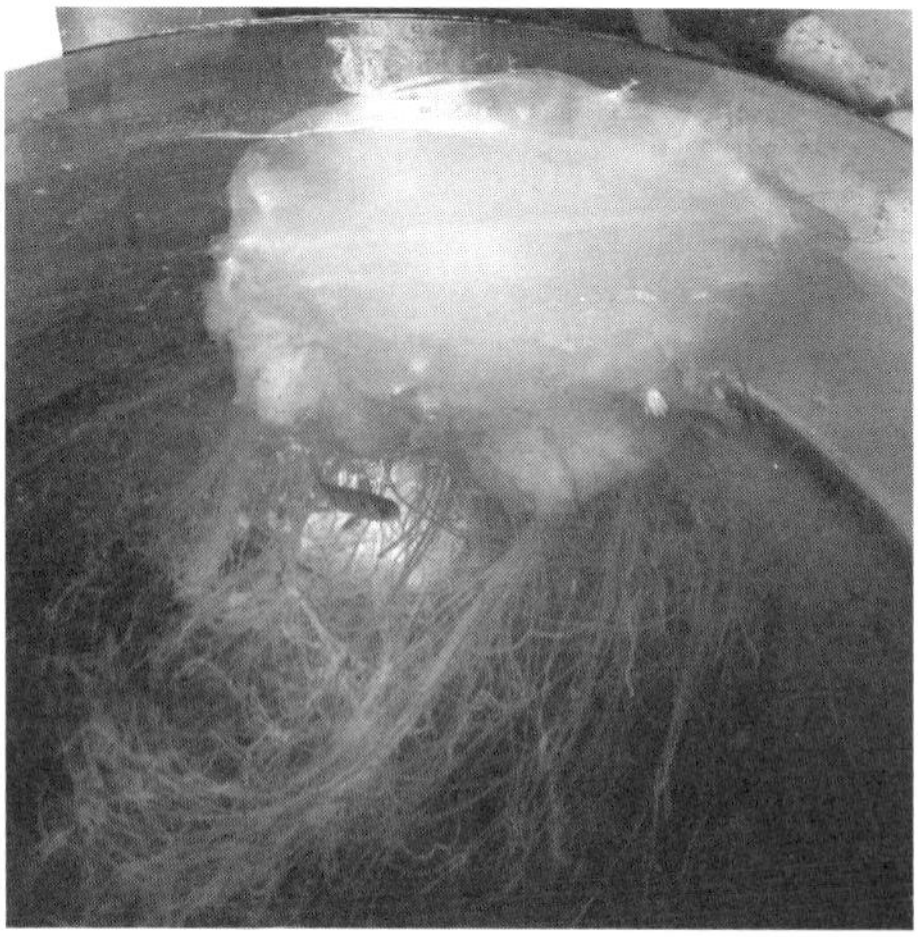

ユウレイクラゲ

ゲ）に出くわすと、「気持ち悪いな」と思っていたくらいだ。

そんなこんなで、海の間近での自然相手の暮らしを楽しく続けていると、いつの間にか大学受験が迫っていた。わたしは、愛媛大学理学部を受験することにした。

研究者になる気なんてもちろんちっともなく、目で見て肌で楽しめる生物と付き合っていきたいなあ、という単純な志望動機だった。

人類のルーツを追い求めて

「人類の起源を知りたい」

これは、中学生のころから漠然と抱いていた思いだった。人間がどのように生まれてきて、どのような経緯でさまざまな異なる特徴を持つようになったのか。それを知るための方法を、探し続けていた。


大学入学直後、勉強家で教育者の祖父が、ある本をプレゼントしてくれた。岩波書店の『生物学辞典(第1版)』だ。

これが、結果的にわたしの本格的な研究生活を支えることになる。ダーウィンの「生命の樹」という考え方に、触れることができたからだ。

「生命の樹」は、体のつくりが簡単な動物から複雑なものに枝分かれしていく様子、つまり各動物門の系統関係を明快に図示したものだ。この動物の進化系統樹の根幹に、「刺

祖父からもらった生物学辞典

胞動物門」が位置づけられていることを、わたしはこの本で知った。

動物の源にあるこの刺胞動物門を追究していけば、生命の進化の秘密にも迫れるのではないか。そんな予感のもと、刺胞動物門に属するヒドロ虫綱を、大学の卒業論文テーマに選ぶことにした。

生命の進化を追究する研究分野やアプローチは多々ある。形態学、生理学、微生物学、あるいは遺伝子学など、どの分野からでもできるだろう。ただ、わたしはどうしても多細胞の「個体」が命を持って生活しているレベルの研究に焦点を当てたかった。

生物の機能的、構造的な単位は「細胞」だ。

最近では遺伝子解析が進み、生命は物理化学と数式で表せるかのようにも思われてくる。しかし、実際の生物が生きている単位は、集団社会の中の「個体」である。地球という自然環境の中では、生きているのは遺伝子ではなくて個体だ。個体同士が繁殖をしてこそ、生命を生みだすことができる。

個体を分解してしまえば、それは部品でしかない。部品をすべて集めてきて、プラモデルのように組み立てたところで、１つのまとまりを持った「生命」にはならないだろう。もはや壊した時点で、逆戻りは不可能なのだ。

個体は遺伝子の乗り物だという考え方もある。確かに、遺伝子情報は個体を形づくるために必要な設計図だ。ただし、その形をつくり上げるためには、前提として個体という存在が不可欠である。乗っているものよりも、乗り物そのものの方が大事なのだ。

生命の進化を、個体というレベルで探っていく。それが実現できる学問として、わたしは、系統分類学というフィールドを選ぶことにした。

進化の謎解きは種の分類から始まる

「進化」とは、時代を経る中での生物の形質「変化」を指す。「変化」をとらえるためには、前のものと後のものが「別」であると判断することが必要になる。つまり、あらゆる生き物の種を「別」にしていく作業、分類していく作業が、生命の進化を探るための大きな土台となるのである。

種を決め、名前を付けて、それらの系譜までをたどる学問が、系統分類学だ。

生物の名付け方のルールは、「分類学の父」と呼ばれるカール・フォン・リンネが体系づけた。18世紀のスウェーデンの生物学者である。

当時、たとえば、ある種類の犬を表現するために、「歯が生えていて尻尾が長く、毛むくじゃらで云々の犬」という名前を付けていた。しかし、いくらなんでもまどろっこ

例：ベニクラゲ
（日本産が1種だと考えられていたとき）

Turritopsis nutricula
属名 種小名

二名法

しい。

リンネは、生物にも「カール・リンネ」のような姓名を与えて、分類すべきだと考えた。人の姓にあたる部分は、どの属かを指す属名、名にあたる部分はより下位の分類単位である種小名を記す。これが「二名法」で、種名という学名となり、世界でただ1つの名となる。

この二名法を正確に用いて名前を付けるためには、どのレベルで同じなのか、どのレベルで異なっているのかを考えながら、同じ個体同士をくくり、異なる個体同士を分ける作業が必要になってくる。

たとえば、ヒトを例に挙げてみよう。ヒト

という種は、どのレベルで同じである必要があり、どのレベルでは異なっていていいのだろうか。年齢や性別、肌の色、身長などの特徴で、種は分けるべきだろうか。

分類は、さまざまな要素を考慮すればするほど、難しくなっていくのである。宇宙人がもし地球にやってきたら、異なった方法で分類するかもしれない。

新種の発見も、そんなに簡単なことではない。

奇妙な生物を見つけて、それがほかに全く見当たらないからといって、新種といえるだろうか。大昔に発見されていて久しく見当たらなかった種かもしれないし、別の種の奇形にすぎないかもしれない。

種を別にするためにはどこまで異なっていればいいのか、どこまでが「バリエーション」なのかは、すぐに答えが出せない問題だ。

さらに、外形だけで分類するのは、不十分である。

たとえば、クジラと魚の外見は似ているが、クジラを魚だという人は今はもういない。なぜだろうか。それは、外から見えるクジラの形は魚でも、体の内部構造と子どもの育て方は哺乳類のそれだからだ。
外面の違いだけでなく、体の内部のしくみや生態、遺伝子情報までも考慮し、それぞれの種の発生、つまりルーツを考えながら分類していくのが、系統分類学だ。要するに、先祖からの枝分かれを念頭に置いてグループ分けをしようというやり方なのである。

そもそも、自然の生物の世界で起こるさまざまな現象について説明するためには、まずただ1種の生物を扱っている保証が必要だ。１つの現象を1種の生物と突き合わせて確認していくのが原則というわけである。分類を誤り、複数の種が交じっている中で研究を進めていっても、現象の正しい解釈は得られない。分類は、生物学の基礎であり、かつ総合となる。

こうして、わたしは人類の進化、ひいては生命の進化の謎を解くために、ひたすら種をグループ分けしていく系統分類学の世界に足を踏み入れた。

そして、多細胞動物の根源、刺胞動物門のクラゲを、分類対象に選んだのである。

救世主クラゲは貝に宿る

愛媛大学から北海道大学に移ったわたしは、ヒドロ虫綱の軟クラゲ目、ウミサカヅキガヤ科に研究対象を絞った。

刺されるとチクっとする小さなカヤ類の中で、ウミサカヅキガヤ科の仲間たちはおとなしい方だ。ポリプは、ワイングラスのようなコップ形のヒドロ莢《きょう》の中に、ヒドロ花を収容していてかわいらしい。

ウミサカヅキガヤ科には、クラゲを出すものから出さないものまでさまざまなバリエーションがある。系統分類学の知識を総動員して、さまざまな特徴を示すものを整理していく。材料収集の一環で厚岸にも出かけた。

修士生になりたてのころ、厚岸での臨海実習でたまたま出会ったベニクラゲは、その場で生まれた〝クラゲ〟をスケッチするだけで終わってしまった。というのも、指導教

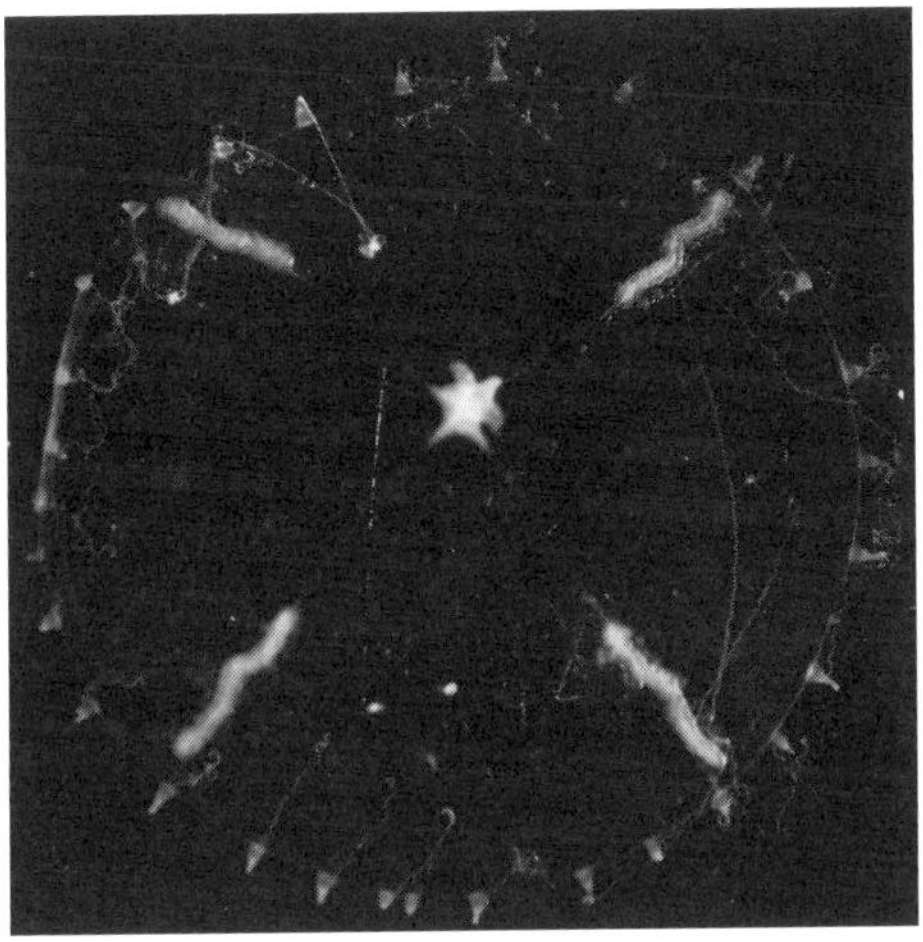

フサウミコップ（ウミサカヅキガヤ科）

官でポリプの専門家である山田真弓先生と、クラゲの飼育がうまく、緻密な生活史の論文をまとめていた長《なが》尾《お》善《ぜん》先生が、すでに厚岸湖のベニクラゲの生活史の全貌を明らかにしていたからだ。「二番煎じはやらんでよろしい」ということで、わたしは与えられた別の研究テーマの調査に明け暮れることになったのである。

もちろん、そのときベニクラゲは〝ただのクラゲ〟だった。若返りの能力があることなんて、世界中のだれも知らなかったのである。

ウミサカヅキガヤ科の分類は、とにかく大変だった。海に行ってポリプをシュノーケリングで捕まえ、持ち帰って飼育をしてクラゲを出させる。ひたすらそのくり返し……。どのポリプからどのクラゲが出るのか。幼体の形から、飼育環境の変化で生まれる形まで、とにかく細かく記録していく。詳しく調査を続ければ続けるほど、些細な違いを持つ新種のようなものに出会う。たとえば、あるクラゲのポリプはランタン状にシワシワになる大事な形質を持っているとされていたが、わたしが飼育しているポリプの中からシワなど全くないようなものが生まれてきた。これははたして新種なのか、あるいは環境によって変化する形質だったのか。

しかも、古今東西の種に通じていなければ、論文に新種を記載することなどできない。世界中のどこにどんな種がいて、どんな形でどのような生活を送っているのか。実際の飼育観察の上に、グローバルワイドな文献調査が重くのしかかっているのである。

「こんなこと、ずっとやっておれん……もうやめたい」

なかなか種の全体像を摑めず、系統分類学の壁にぶち当たった。研究を投げだしそうになっていたそんなころ、同級生がこんな風に声をかけてきた。

「久保田君、二枚貝を飼っているとクラゲが出てくるんだけど、どうしてなんだろうなあ」

彼は、貝に寄生するピンノというカニを研究対象にしていた。そのカニの観察のために貝ごと飼っていたのだが、その中にクラゲもいるのではないかというのである。

貝の中にクラゲが住んでいるなんて聞いたことがない。早速見せてもらった。確かに、貝の中の軟体部にクラゲのポリプが潜んでいた。ずっと観察していると、やがてこのポリプが未成熟なクラゲを遊離させたが、どのようなおとなになるのか、まだだれも知らなかった。

「よし、これはおもしろい」

この知らせのおかげで、修士での悩みが一瞬にして吹き飛び、一歩先の博士課程での研究テーマが見つかったのである。

調べてみると、これはどうやら「カイヤドリヒドラ類」の一種らしいということがわかった。わたしはこの一風変わったクラゲに、一瞬で惹きこまれた。特殊な姿での貝との共生も興味深い。

実はベニクラゲとは全く異なる特徴を持っていたこのクラゲとの出会いが、わたしの研究人生を大きく変える転機となった。

早死クラゲの衝撃

カイヤドリヒドラ類に関する世界中の先行研究を調べていたときだ。わたしは、このグループには「早死のクラゲ」が見つかっているということを知った。

「早死のクラゲ!?」

どうやら、その種は「カイヤドリヒドラクラゲ」といって、クラゲ世代は、餌を取るための触手や食べて消化するための胃腔を切り捨てているらしい。ポリプからクラゲになると食事もせずに、有性生殖のお務めをすぐに終えて朽ち果てる。はかない、短命なクラゲというわけだ。潔いではないか。

では、早死という特徴は、どういった進化の過程で生まれてきたのだろう。

カイヤドリヒドラ類の最初の種類は、1935年にイタリアのナポリ近郊で発見され、イタリア語で書かれた古い論文に記録が残っていた。アサリの一種の中からポリプが見

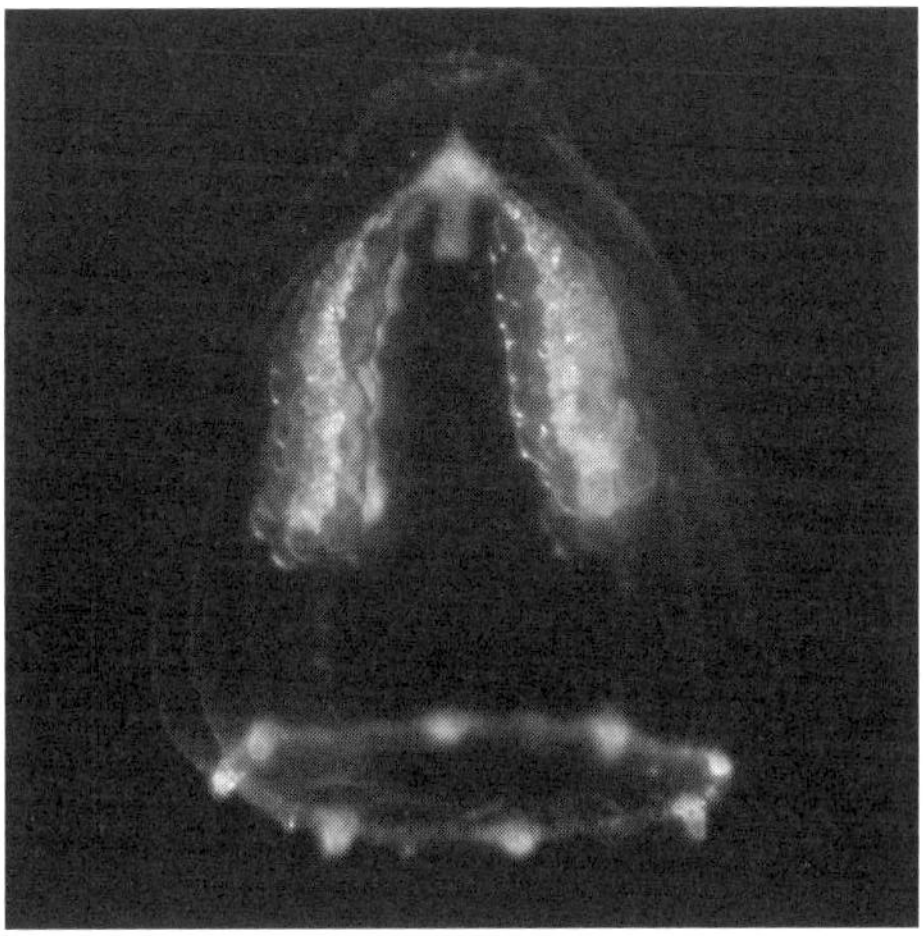

カイヤドリヒドラクラゲ

つかり、短命なクラゲが放出されるのが確認されていたのである。

　それにもかかわらず、その後も、同じイタリアや、日本、プエルトリコ、ブラジル、インドなど世界各地で、二枚貝に共生するものが新種として登録され、名前がごちゃごちゃに付けられていた。なぜこんなことになったのかというと、ポリプとクラゲを最後まで飼育できないまま、発育のバラバラな段階で新種として名付けたからだと思う。変わったクラゲのため、とりあえず新しい名前を付けておこうということだったのかもしれない。

　カイヤドリヒドラ類の系統分類が長い間錯綜していたのには、クラゲとポリプが、研究においても個々の独立した分類体系をもともと持っていたことも影響している。なかなか環境が整わず、クラゲ類の室内飼育が難しかったころは、クラゲとポリプの生態は別々に研究されていたのだ。どのポリプからどのクラゲが生まれてくるのかということはおそらく故意に無視して、というか目をつむって、それぞれのグループで分類が進められてきた傾向がある。イタリア産のカイヤドリヒドラクラゲ属の一種は、ポリプ世代がキチン質の殻を持たない「無鞘《むしょう》類」であるのにもかかわらず、クラゲ世代は殻のあるポリプから出てくるはずの「軟クラゲ類」の形をしていたため、分類の矛盾があり、「種族不明」とされ続けていたわけである。

この素性の知れないクラゲをしっかりグループ分けしてやろうという意気ごみが、わたしの推進力だった。もっと広くいえば、それまでバラバラに行われていたクラゲとポリプの系統分類学研究の総合を目指していたのである。

そう、わたしには、最大の強みがあった。飼育だ。そもそも、小さなポリプとクラゲを育てるには細心の注意が必要である。温度や水流、塩分濃度。些細なことであっという間に死んでしまう。わたしは世界各地のカイヤドリヒドラ類を手に入れて、とにかく根気強く育て、ポリプとクラゲの生活史を結び、分類体系をつないだ。

短命な一生は正解なのか

地道な飼育と研究の果てに、わたしは、世界に分布する早死のカイヤドリヒドラクラゲ属は2種に分けられると結論づけた。

まずは日本にいる太平洋産のカイヤドリヒドラクラゲ。そして、地中海産のチチュウカイカイヤドリヒドラクラゲである。後者はイタリアで世界初の記載がなされた種だ。

そしてさらに、カイヤドリヒドラクラゲの祖先は、同じくカイヤドリヒドラ類で貝の中で暮らすコノハクラゲだと想定した。

カイヤドリヒドラクラゲとコノハクラゲには、共通点が多い。まず、クラゲになるまで貝の軟らかい体の上で過ごすので、ポリプにはキチン質の覆いがない。そのため、固い岩や海底に付着するのが想定されているほかのポリプとは、一発で見分けがつく。宿主である貝は、このポリプを異物だとは認識せず、ポリプが楕円体の根の部分を使って

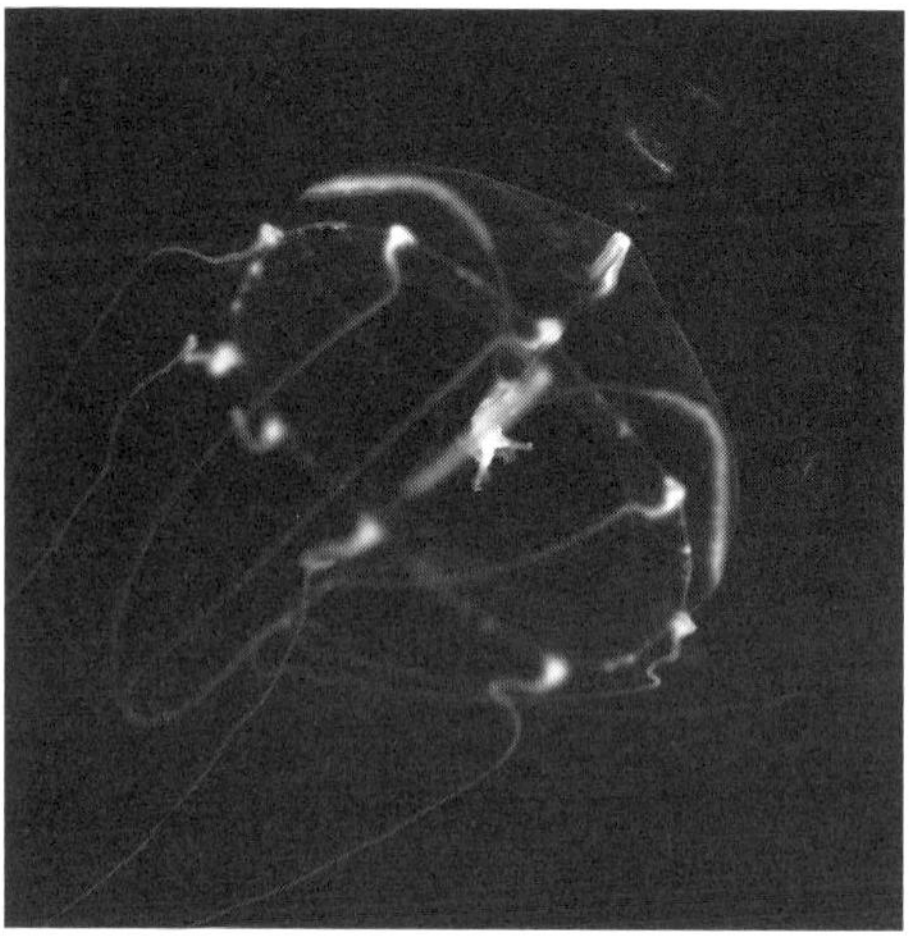

コノハクラゲ

軟体部上をゴソゴソと動き回ることも許している。餌も自動的に宿主が吸いこんでくれる。おまけに宿主が成長するので自動的に建て増しだ。どちらのクラゲのポリプも、最高に快適な住みかを得ているのである。

ただ、大きく異なるのは、コノハクラゲはポリプからいたって普通の若いクラゲを出すのに対して、カイヤドリヒドラクラゲからは1回の生殖で朽ちてしまうような変なクラゲが出てくるということだ。

わたしは、コノハクラゲが、クラゲになるときに摂食器官をあえて退化させてすぐに生殖できるようになったものが、カイヤドリヒドラクラゲだと考えている。

クラゲは、ほかの動物と同じように、そもそも子どもをつくることが生存目的である。コノハクラゲは、すぐにおとなにはならず、流されながら海中を漂うプランクトンを食べて大きくなっていく。そして、ある地点で相手と出会って子どもをつくるのだ。ただ、クラゲとして海中に放りだされてから生殖にいたるまでの時間が長ければ長いほど、子孫を残せない可能性は高くなる。小さなクラゲにとって海の中はあまりにも危険だ。いつ何に怪我をさせられるか、食べられるか、わかったものではない。

そこで、クラゲになってからすぐに生殖できるような体が必要とされたのである。クラゲは、ポリプからほぼいっせいに放出されるため、宿主の貝の近くであれば相手も見つけやすい。そのときに生殖する能力さえあれば、子孫を残せる可能性はグンと高くなる。こういう経緯で、たった1回の生殖に懸けるようなクラゲが生まれてきたと考えられるのだ（口絵12）。

一番効率がよいのは、宿主の貝の中で生殖することだが、さすがにそれでは貝に食べられてしまう危険性がある。

カイヤドリヒドラクラゲの生殖のあり方は、放卵放精のタイミングをシンクロナイズさせ、かつ生殖場所を宿主のすぐ近くに設定することで、子孫を残す可能性を最大限に高められる形なのだと思う。

実は、こういった早死の体への進化は、ほかの分類群のクラゲにも起こっている。虫でいえばカゲロウもそうだ。彼らは、人間のように文明や知恵で寿命を延ばすのではなく、自身の体を変えて子どもを多く残せるようにしてきたのである。

カイヤドリヒドラクラゲは、個体としては短命となったが、種として子孫を残せる確率を飛躍的に高めたという点で、進化の成功例だといっていいだろう。

「若返り」クラゲとの再会

早死のクラゲにうつつを抜かしていたころ、ベニクラゲとの驚愕の再会が訪れた。1991年のヒドロ虫学会第2回大会の講演でのことだった。しかも今度は単なるクラゲではなく、「若返る」クラゲとの再会となったのである。

カイヤドリヒドラ類の系統分類学的研究で博士号を取ったわたしは、その後もライフワークとしてこの類を追いかけつつ、日本のあちこちに生息するクラゲの生活史をかたっぱしから解明するのに忙しかった。

系統分類学は時空横断的な側面があり、きりがない。室内での飼育はもちろんのこと、時間と資金のある限りさまざまな場所を巡って、どこになんという種類がどんな姿で生息しているのかといった基礎的なデータを取る。春夏秋冬で異なる生態にも注意が必要だ。フィールドに出て、日中は干潮時にポリプを潜水採集し、満潮時にはプランクトン

ヒドロ虫学会第２回大会　ブラナスにて

ネットをひいてクラゲを採る。どこへ出かけるときにも、水着一式と長いロープのくっついたプランクトンネット、クラゲを探しだすための実体顕微鏡と観察道具一式を持っていく。リュックにこれらの荷物を着替えと一緒にめいっぱい詰めこみ、両手はこの研究器具とクーラーボックスでふさがっているような状態だ。

こうして北海道から沖縄、果ては小笠原から対馬、南西諸島までを渡り歩いた。朝日とともに研究開始、夜のとばりが下りたら車中で就寝。あっという間に日々は過ぎていった。

わたしがヒドロ虫の国際学会に参加したのは、そんな忙しない研究生活を送っていたころだった。開催地はスペインのブラナス。地中海に面した風光明媚《めいび》なところだ。

ここで、ベニクラゲの若返り研究が世界で初めて発表されたわけである。

事の発端は、ドイツ人大学生のクリスチャン・ゾマーが、シャーレの中でベニクラゲの繁殖習性を観察していたことだった。彼は数日後、ベニクラゲが奇妙な行動を取っているることに気づく。退化して肉団子状になり、まさに死ぬかと思われたクラゲが、再びポリプとなって命をつないでいくのを目撃したのだ。

この「ありえない」生活史の逆転は、この学会での発表の翌年、論文にまとめられることになる。

その場で発表を聞き、ブラナス産のベニクラゲが若返るのを目の当たりにしたわたしの第一の感想は、「やっぱりそういうことはあるだろうな」ということだった。

特に驚きはない。

「若返る」クラゲが存在することは、もともと信じていたのである。

わたしは、口唇と胃腔の合わさった口柄のおかげで、クラゲは不死になる可能性を秘めていると考えていた。クラゲには、体は朽ちて消えてしまっても、中心部の口柄だけが生き残る場合がある。もともと、ポリプとクラゲは構成要素がほとんど同じ。クラゲをクラゲたらしめているゼラチン質の傘の部分がなくなってしまえば、あとに残る口柄は元のポリプと同じに違いない。やがて根を生やして、再びポリプとして生まれ変わるだろう。

今思えばちょっとしたSF的な発想でしかないのだが、細胞学に疎かったわたしは、クラゲが老化すれば口柄が残り、それがポリプとなって再生すると考えていたのである。実際には、後述するように、口柄は若返りに何も関与していなかったのだが。

いずれにせよ、若返りの方法は予想と異なっていたものの、若返り動物が存在するというわたしの推測は当たっていたのである。

初めて命を若返らせた日

ベニクラゲの若返り報告を聞いたわたしの頭に次に浮かんだのは、日本産のベニクラゲも若返るのかどうかを検証しなければならないということだった。

というのも、当時、ベニクラゲは世界にただ1種だとされていたが、わたしはいくつかの種類に分かれるのではないかと思っていたのである。

博士論文を提出した直後の１９８４年、わたしは三重県の英虞《あご》湾で興味深いベニクラゲを見つけていた。そのベニクラゲは、口柄が紅色にもならない小さいうちから、おとなのクラゲとして生殖したのである。いわば、子どものまま親になるベニクラゲだ。

大学院で観察した北日本産のベニクラゲとは大きく異なっていたが、当時のわたしは単に環境の違いによる変異として片付けていた。北日本産のものは大きく成長するが、南日本産のものは若い段階で成熟して形態変化が止まるのだろうという認識にならざる

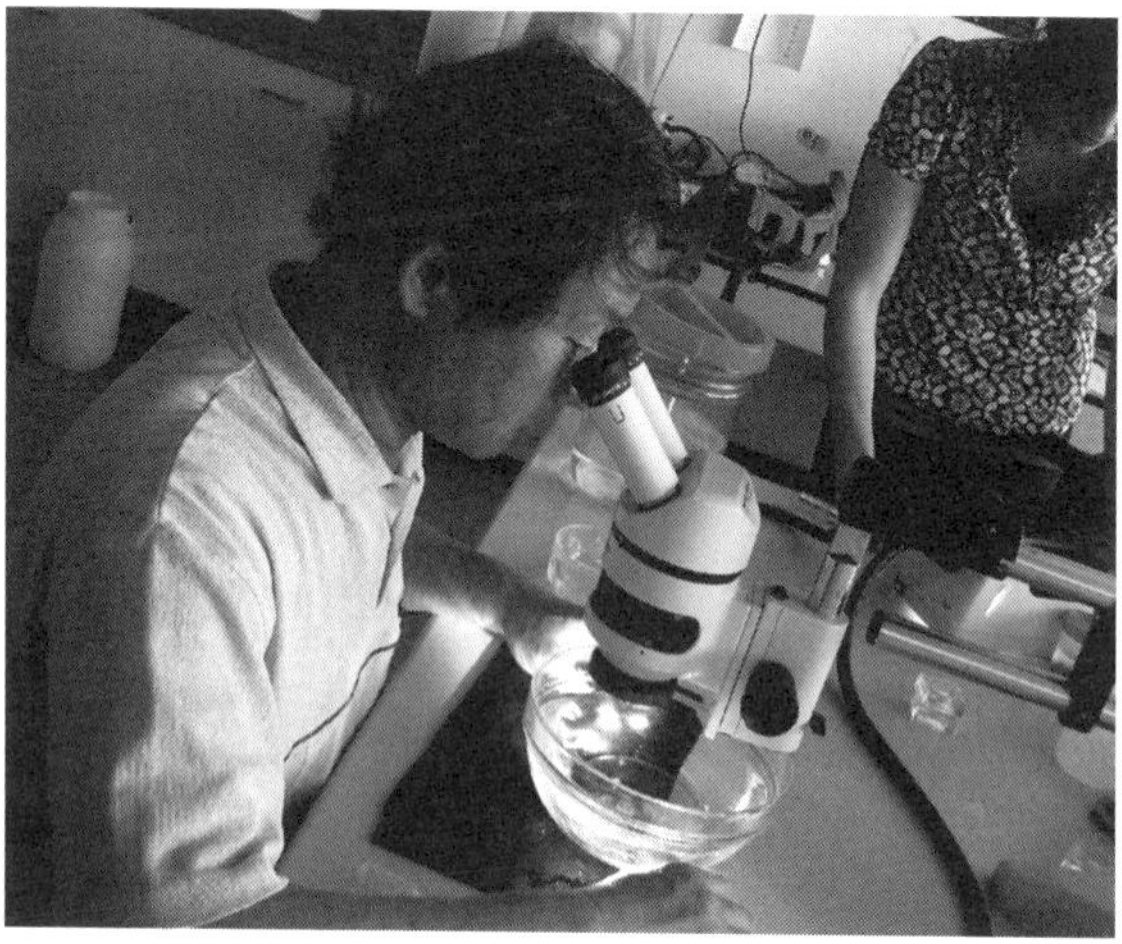

イタリアのレッチェ大学での研究

をえなかったのである。そのことが、ベニクラゲの若返り報告を聞いたときにふと思いだされた。

「ベニクラゲは若返る。では、『すべての』ベニクラゲが若返るといえるのだろうか」

ベニクラゲはたった1種類なのか、確かめなければならなかった。

そんな折、1999年の秋から、イタリアのレッチェ大学に半年間、客員研究員として滞在することになった。当初の目的はカイヤドリヒドラ類の研究継続だったが、到着してみると現地はベニクラゲ研究で大いに盛り上がっている。わたし自身も、いつの間にかベニクラゲの若返り研究に手をつけ始めていた。

早死と対照的に永遠の生を謳歌するベニクラゲ。正反対の進化を遂げた謎を解きたかった。

イタリアでは１９９６年に、ステファノ・ピライノ博士が、１００パーセントの確率でベニクラゲの若返りを成功させていた。４０００個体がそろって若返ったというからすごい。海水に抗生物質を混ぜたのが、効き目があったのだろう。バクテリアなどが繁殖しない、理想的な環境が整っていたのだ。

と思っていたら、わたしがイタリアで飼育したベニクラゲでは、１個体だけだったが、藻や原生動物などが増殖しているようなたいそう汚い水の中で若返ってくれた。「これはすごい！」と、わたしは感動しきりである。早速、イタリアの研究仲間たちに、ベニクラゲの飼育を今後も手伝わせてもらえるように頼み、自分自身の研究テーマにすることを快く了承してもらった。

ベニクラゲを若返らせる苦闘の日々は、ここから始まったのである。

Column

4

幻の四名法

わたしの恩師、山田真弓先生はポリプ研究の大家、山田先生の恩師で、日本の系統分類学の祖である内田亨《うちだとおる》先生は、クラゲ研究の大家だった。

わたしが、その2人の研究を総合すべく編みだしたのが、苦肉の策としての「四名法」である。

ポリプの分類体系とクラゲの分類体系が分かれていたころ、同じ種でも、ポリプかクラゲかという成長過程の差で学名がそれぞれに付けられていた。形態や生態も全く異なるので、ポリプとクラゲ、各々が二名法での別々の名前を持っていたわけである。

ところが、飼育によってどのポリプからどのクラゲが出てくるかが明らかになり、同種だとわかると、それを、ポリプかクラゲか、どちらか先に付けられた方の学名で呼びましょう（先取権）ということになった。これでは、ポリプの分類体系を引きずった学名とクラゲの分類体系を反映した学名が同次元で混在することになり、はなはだややこしい。

そこで、わたしはどちらの名前も生かす、二＋二＝四名法を博士論文で提案した（正式名称は、「途中段階四名法」）。

生活史が複雑で飼育が困難な動物の場合には、一時的だが、途中段階の名前を与えておくのが便利だろう、という単純な考えである。完全な名前でないことを承知の上で使えば、かなり役立つはずだ。

花のようにじっとしているポリプにも、れっきとした動物らしいクラゲにも、それぞれの名前があってよかろう。

それに、この四名法があれば、この種とあの種は、ポリプは同じ形のようだが、クラゲでは違う形だとか、逆に、クラゲでは同じ形なのに、ポリプでは全く異なった姿だとか、そういったことが一目でわかるではないか。

いつまでも使い続ける必要はない。ポリプとクラゲ、それぞれの道を究め、両者をつなぐ研究が相当進んだ段階でつくりなおしをすればよい。

「よし、これで問題をすべて解決したぞ！」とわたしは喜んだ。

しかし、だれも、採用してくれなかった。

Column 5

早死クラゲへの平行進化

カイヤドリヒドラクラゲ類は2種が存在するが、その祖先型だと考えられるコノハクラゲ類も2種に分けられる。太平洋型と大西洋型だ。

わたしは、太平洋型のコノハクラゲから大西洋型のタイセイヨウコノハクラゲが生まれ、そのそれぞれで早死クラゲへの進化が起こって、カイヤドリヒドラクラゲの太平洋型と地中海型になったのではないかと考えている。つまり、別々の環境で同じような変化が起こる、平行進化を経たということだ。

通常、似たような種類があれば、その2つを1つの進化ベクトルでとらえがちである。カイヤドリヒドラクラゲも、太平洋型から地中海型が生まれたのだと理論上は考えることができるが、わたしはそうではなく、それぞれの環境で「一刻も早く

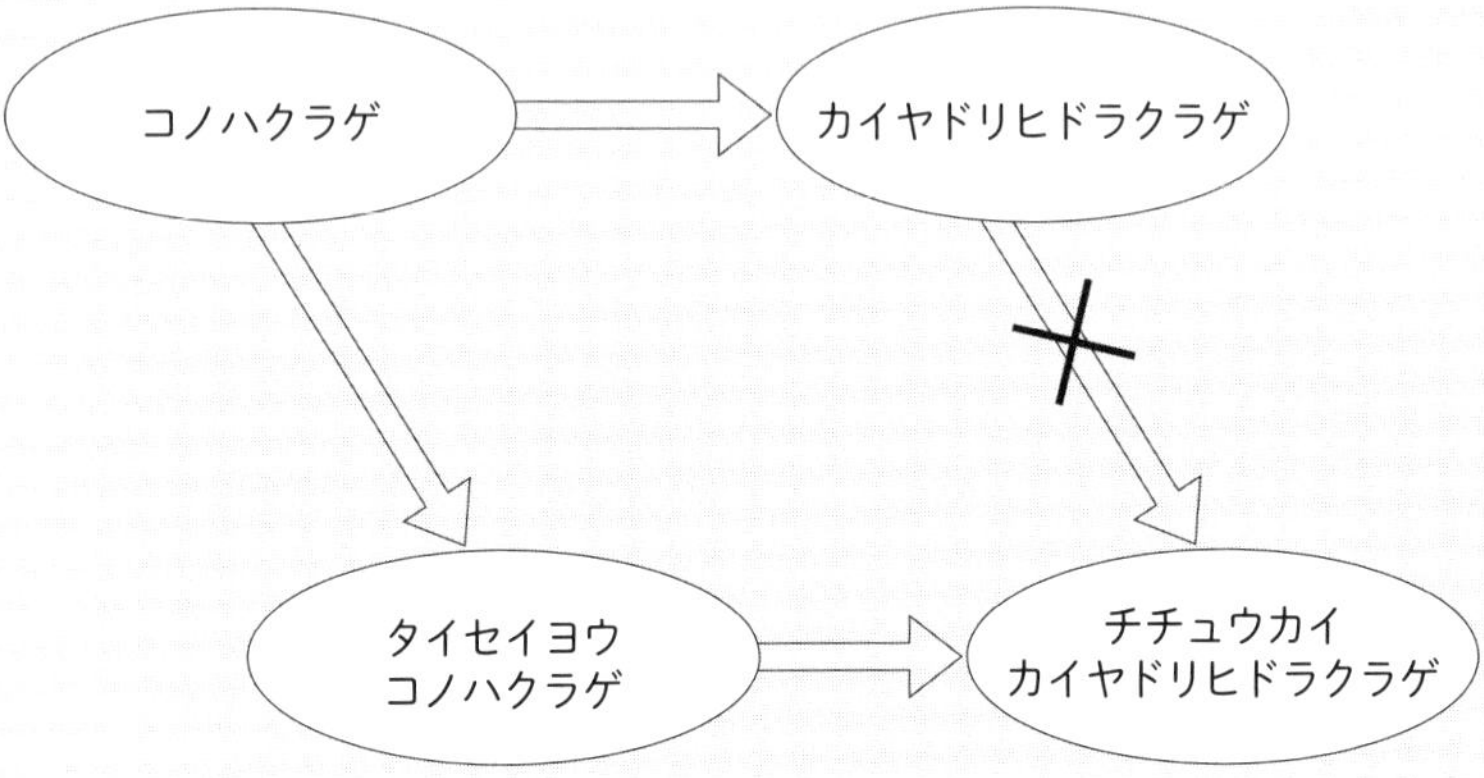

平行進化

コノハクラゲからカイヤドリヒドラクラゲへ

タイセイヨウコノハクラゲからチチュウカイカイヤドリヒドラクラゲへ

生殖して死ぬ」性質が求められて、別々の祖先から独立に進化したのだと思っている。

つまり、地域の差にかかわらず、進化が同じベクトルを指していたのだろうと想像しているわけだ。

もっとも、これはまだ遺伝子からは証明できていない。さらに、最近では、パラオで太平洋型と地中海型の中間的な形態的特徴を示すカイヤドリヒドラクラゲが発見された。

「早死」への進化の道筋は、ますます複雑な様相を呈していきそうである。

Column

6

系統分類学にもGFPが応用できる!?

GFPをご存じだろうか。緑色蛍光タンパク質（Green Fluorescent Protein）。紫外線などの蒼い光を当てると緑色に光るタンパク質のことだ。オワンクラゲ（ヒドロ虫鋼）から単離されるこのタンパク質は、2008年に、下村《しもむら》脩《おさむ》氏らがノーベル賞を受賞したことで、一躍脚光を浴びた。

GFPのおかげで、がん細胞などの特定の細胞に目印をつけることができるようになった。細胞の挙動を生きたまま観察できるようになったので、転移のメカニズムを解明するのに役立っているわけである。

しかし、GFPの活躍は、それだけにとどまらない。なんと系統分類学にも応用できるのである。

わたしがGFPを用いて行ったのは、カイヤドリヒドラクラゲ属の種別だ。太平洋産のカイヤドリヒドラクラゲと、地中海産のチチュウカイカイヤドリヒドラクラゲが別の種であることを確認したのである（口絵13）。形態でどうしても見分けがつかないとき、生体に蛍光顕微鏡のもとで青色短波長の光を当て、GFPのある部分を緑色に光らせれば、その違いが浮きぼりになるというわけだ。クラゲの種類によって光る体の部位が異なり、変わったところで美しく緑に輝くクラゲを見るのはとてもおもしろい。

これは、遺伝子型の違いもGFPの光り方の違いに反映されるという、画期的な証拠になった。

第４章

若返るベニクラゲ

日本産だって若返る

1999年から2000年にかけての、イタリアでの半年に及ぶ研究生活から帰国後、日本全国津々浦々で、ベニクラゲの採集に取りかかった。

正確にいえば、この採集自体はあらゆるクラゲに及ぶ基礎的調査で、特にベニクラゲのためだけにやっていたわけではない。

それでも、わたしの中には確実に、日本産のベニクラゲを若返らせたいという思いが入りこんできていた。

しかし、人生うまくはいかないものだ。

帰国してから数ヶ月間、瀬戸内海や白浜で採れたベニクラゲを相手に格闘するが、1個体も若返らない。知り合いの水族館の職員たちにまで飼育を頼んでみたが、だれがやってもベニクラゲたちはあっけなく死んでいった。

ベニクラゲの採集

日本産のベニクラゲはイタリアのものとは異なる種なのか……？　別種だと若返りは起きないのか……？

「絶対若返らせるぞ！」と張り切っていた気分が沈んでいく。

しかし、帰国後半年が経ったころ、ようやく日本産のベニクラゲで若返り第1号が生まれた。

２０００年9月、鹿児島湾でプランクトンネットを用い、未成熟なベニクラゲ4個体を採集。直径9センチのプラスチック容器の中で、水温を20度に保ちつつ、濾過《ろか》した海水で止水飼育をした。餌は2、3日に1回、孵化《ふか》したてのアルテミア幼生（小さなエビの一種）を与える。すると、そのうちの1個体が、1週間ほど経ったころには容器の底に沈んで退化を始め、ポリプとなっていったのだ。

そのポリプはクラゲ芽を出さなかったため、1回きりの若返りだった。それでもわたしは、「日本のものも若返る！」と大いに勇気付けられた。

この鹿児島湾のベニクラゲは、同時に、若返りの条件を考えるためのヒントを与えてくれた。

実は、採集したとき、ベニクラゲの体全体に、浮遊性のカイアシ類という小さなエビの一種が、槍のようにぶすぶすと突き刺さっていたのである。おかげでベニクラゲは全く動けなくなっていた。それをわたしが1本1本ピンセットで抜いてやり、飼育を続けたというわけだ。

もしかすると、体を突き刺されるという大きなダメージが、若返りを引き起こす引き金になったのではないだろうか。

この仮説から、わたしはベニクラゲ若返り実験を一歩進めたのである。

突き刺し実験で急所を発見

イタリアの研究者、ステファノ・ピライノ博士が、４０００個体のベニクラゲの若返り実験を成功させたとき、彼は抗生物質を使ってバクテリアを除去し、クリーンな海水を用意していた。

そういった化学薬品に頼らず、自然に近い状態で若返らせる方法はないだろうか。

若返った鹿児島湾のベニクラゲに着想を得たわたしは、純粋な物理的刺激のみで若返らせる方法を思いついた。

ひたすら、ベニクラゲを突き刺すのである。

ステンレス製の昆虫針を両手に１本ずつ持って、１００回以上、ベニクラゲの体のあちこちに針をまんべんなく突き刺していく。

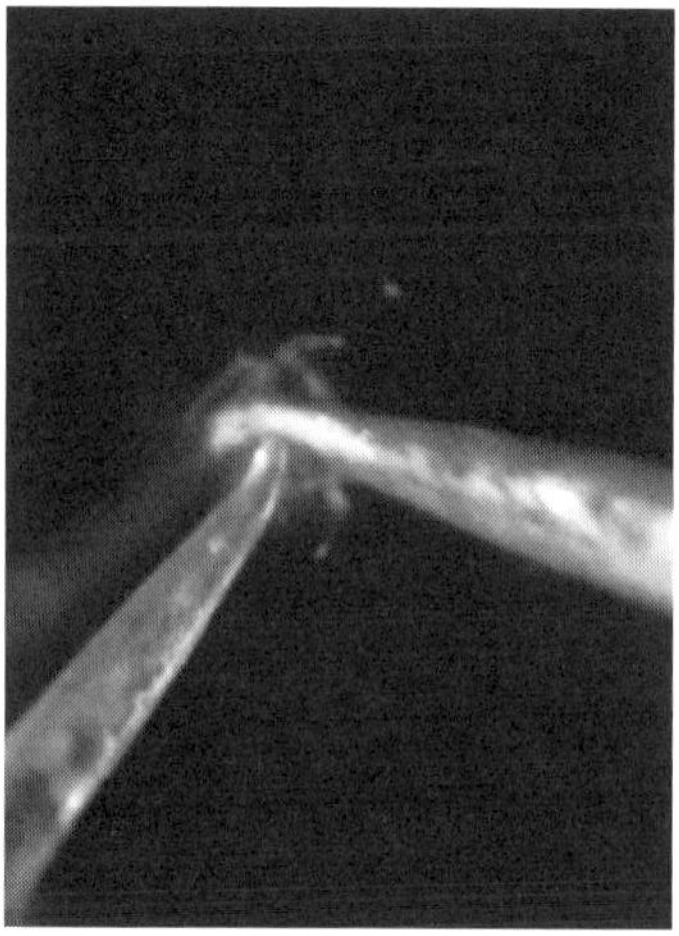

ベニクラゲを針でひたすら刺す

ところが、なかなかうまくいかない。成功率は依然として低いままである。

何回もくり返すうちに、どうやらゼラチン質の傘を何度突いたところで、若返りを促すような致命的なダメージにはならないらしいことがわかった。たった数日で、もう一度風船のような傘が膨らんでしまうのである。触手も、もともと再生能力の高い部位のため、いくら突き刺してもすぐに新しいものが生えてくる。

試行錯誤の末、触手瘤と呼ばれる触手の付け根を突かなければならないらしいということを、ようやく突きとめた。しかも、再生して傷が閉じないように、切り裂く勢いでグチャグチャにしなければならないようだ。触手瘤は、毒針である刺胞の生産場所で、かつ眼があって光を感じる部位でもある。かなり小さいので、正確に突くのはなかなか難しい。

ただ、いずれにせよ、触手瘤を突き刺すことによって、ベニクラゲの若返りの確率を高めることに成功したのだ。実験室の中で人工的な刺激によって若返りをさせているにすぎないが、おそらく自然の海においても、鹿児島湾のベニクラゲのように、浮遊中、さまざまな外敵や障害物に体を傷つけられることがあるのだろう。

再生するのが難しいくらい重大なダメージを負ってしまった場合は、若返りという方法で個体を残そうとしているというわけだ。

「未熟児」クラゲこそ若返るチャンス!?

日本産のベニクラゲの若返りを確かめることができたものの、長い間その若返り回数が伸びないことは気がかりの種だった。つまり、体の傷ついたクラゲが1回ポリプになるきりで、若返ったポリプにはクラゲ芽ができず、新たなクラゲが出ていくことはなかったのだ。

しかし、あるとき、船で向かった種子島でベニクラゲを採集したところ、それが船の中で若返るということが起きた。そのまま持ち帰って飼育を続けていると、ポリプになり、なんとクラゲ芽を出してクラゲが遊離していったのである。そのクラゲもポリプになるという結末。若返り記録が2回になった瞬間だ。

そして、2010年ごろから約2年の間に、同一個体で14回の若返りを実現した。沖縄で採集したベニクラゲだった。

このときは、針で刺すなどの物理的な刺激は一切与えず、自然状態で放置していた。それにもかかわらず、若返らせることができたのは、このベニクラゲは繁殖能力が高く、ポリプから大量のクラゲを放出したのが影響していると思う。

たくさんのクラゲはポリプから同時に出るわけではなく、時間差で遊離していく。先に出ていったクラゲほど大きく膨らみ、あとに出るものほど小さい傾向がある。また、ポリプからうまく離れたものは元気だが、離れるのに苦労したもの、いわばへその緒をうまく切り離せなかったものは、傷を負って弱くなっていたりする。

このように同じポリプから出たたくさんのクラゲを、１つの容器にまとめて、押しくらまんじゅうをさせると、餌を取れないような弱いものが退化して沈んでいき、もう一度ポリプになるのだ。つまり、沖縄産のベニクラゲで若返ったのは、「未熟児風クラゲ」だったのかもしれないということである。まだ十分に発達できていない段階で危険な状況に陥った場合、若返りで乗り越えていくともいえるだろうか。

そこで次は、どのくらいの「未熟度」であれば、ポリプに若返るのかという疑問が出てくる。それを確かめるためには、ポリプのクラゲ芽に育つ実を、いろいろな大きさのときに切断する実験が必要になってくるだろう。

クラゲの実は、時間を追うごとにだんだんと成長していく。十分に大きくなった実をポリプから切断すれば、おそらくクラゲとして生きていくだろうが、まだ小さな実を切り離してしまえば、クラゲとしては生きていけず、若返ってポリプになるのではないか。

では、どれくらいの実の大きさが、クラゲとして生きていけるか、あるいはポリプになるかの境目なのだろう。この研究は、実はまだ計画段階に終わっているが、それが、「未熟児」クラゲの若返り現象から得られる次の課題である。

若返り回数はアフターケア次第

いくら不老不死のベニクラゲでも、死ぬことはある。

クラゲ世代は、ほかのクラゲに食べられてしまう。特に、カザリクラゲというヒドロ虫綱のクラゲは、ベニクラゲを丸飲みにして食べることが知られている。いわば天敵だ。食物連鎖というのは恐ろしい。ただ、ベニクラゲばかりの海にならないために必要なことでもある。

ポリプ世代のベニクラゲにも、天敵がいる。ウミウシ類だ。彼らは瞬く間にポリプを貪り食い尽くすに違いない。ほかに、ダニがポリプの個虫を食べている例も観察したことがある。

そして何よりも、若返ったポリプは、プラヌラ幼生から成長した直後のものと同様、とても弱い。いわば繊細なベイビーで、あっけなく死んでしまう可能性があるのだ。そ

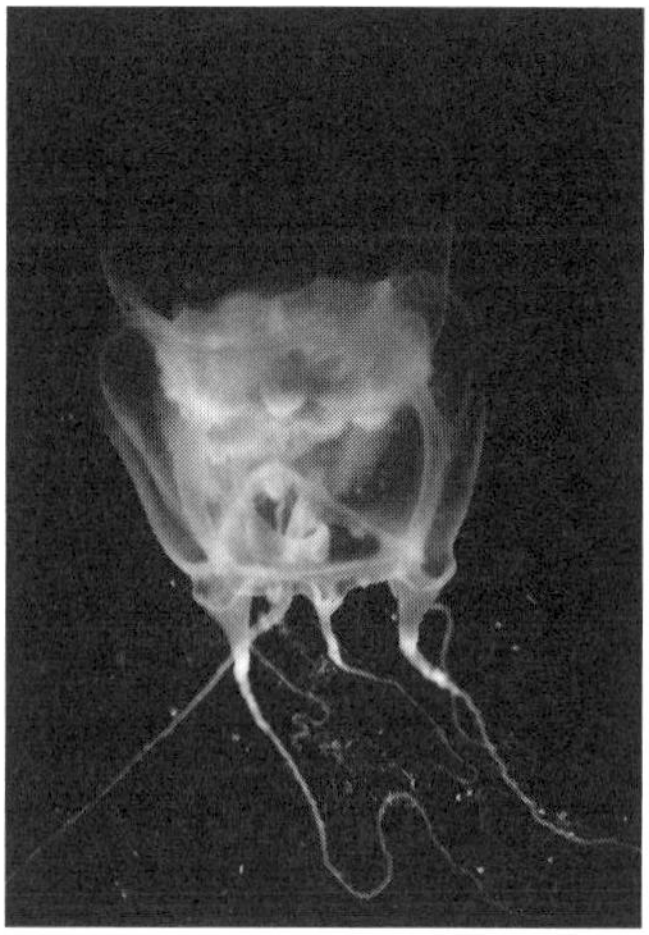

ベニクラゲの天敵、カザリクラゲ

のため、肉団子状になって若返りそうなクラゲを発見したら、すぐに手厚い保護を施す必要がある。

ベニクラゲの若返らせ方について、ざっと説明しよう。

まず、ポリプから出てきた複数のクラゲたちに押しくらまんじゅうをさせておく。最初は見分けがつかないが、元気に遊泳するものと活動が止まって下に沈んでいくものとにだんだん分かれていく。

そこで、動き回る威勢のよいクラゲを1匹ずつ別の容器に移す。すると、若返りそうな肉団子状のクラゲが最後に残る。それを個々の容器に移し、恒温器で25度に保って止水状態で置いておくのだ。フワフワ浮いていたのではポリプにはなれない。容器の底に付着できるように、絶対安静が必要である。うまくいけば、２、３日で肉団子はポリプへと若返りを遂げる。

ここからが肝心だ。

まず、ポリプはより自然に近い流水状態で飼育しなければならない。水の流れがないと、排泄物をうまく外に出せず、糞づまりや窒息で死んでしまう。水流がウォシュレットがわりなのである。

また、餌のやり過ぎは禁物だ。よかれと思ってたくさん与えてしまうと、逆に消化不良を起こしてしまう。アルテミア幼生などの餌を、超絶に細かく切り刻んで、ゆっくりと少しずつ与えてやらなければならない。

さらに、藻の繁茂も危ないし、海水にも微小なゴミ屑がないように極度の配慮が必要だ。たった半日でも、このようなマイナス要因にさらし、ポリプの機嫌を損ねてしまえば、なかなか回復はしてくれない。ポリプの花は枯れ、茎は退化し、根だけになる。根の中の肉もどんどんやせ細り、すっからかんになってご臨終である。

ベニクラゲを実験室で飼育するときには、アフターケアをしっかり行うことが、若返り記録を伸ばすためには必須というわけだ。

いまだに、わたし以外に同じ個体を2回以上若返らせることができた人がいないのは、若返らせたあとの介護不足が影響しているのかもしれない。

若返りのトリガーは無限にあり⁉

針で突き刺すという物理的な刺激のほかに、クラゲの若返りを促すようなストレスはないのだろうか。

一番有力なストレスになりそうなのは、淡水化だ。

実は、14回の若返り記録を更新している途中で、台風が襲ってきて、ポリプがほとんど全滅してしまったことがある。

そのとき、わたしは、実験所に引かれている海水を流しっぱなしにしてベニクラゲのポリプを飼育していた。流水状態をつくるためだ。ただ、この実験所の取水口というのがかなり浅瀬にあったため、大雨によって淡水化されたものがパイプを通って流れてきたのである。実験所内で飼われていた海産動物たちは、塩分濃度の低い水に耐えきれずに、浸透圧の関係でパンクしてしまい、ほぼ全滅してしまった。

ベニクラゲに関してはどうにか、数個体のポリプが奇跡的に生き残っていたので、若返り記録更新は途絶えなかったが、淡水化は若返りを引き起こす類のストレスにはならないのかもしれないという考えはよぎった。

ところが、再び台風が襲ってきて似たような淡水状態になったとき、若返ったクラゲがいた。

淡水に浸かっていた時間が短かったからだろうか。浸け置く時間を調整したり、淡水の濃度を変えて時間を追うごとに変化させたりすれば、もしかすると淡水化も若返りを促すストレスになるのかもしれない。

逆に、海水の塩分濃度を濃くする実験も行ったが、ベニクラゲはあえなく全滅した。世界ではほかにも、海水の温度を30度以上にしたり10度以下にしたりすることで、ベニクラゲの若返りを引き起こすことができたという報告があるのだが、わたしが実験する限りでは、まだ失敗続きだ。

ただ、ベニクラゲに与えてやれる刺激は無限にある。

若返りのトリガーは、まだほかにもあるに違いない。

もう1つの延命法

動物としてのベニクラゲの体で最も大切な部分は、口柄だ。

傘の中央部に垂れ下がるこの部位は、口唇と胃腔の合わさった摂食器官であり、かつベニクラゲの場合、その外側に生殖巣がくっついている。口柄は、生物の二大特徴である摂食と生殖を担う部分なのだ。

不思議なことに、実験室内で、死にそうになったベニクラゲが、大切なこの口柄を自ら切り離すことがある。いわば、若返り以外のもう1つの延命法だ。切断された口柄は、ベニクラゲの通常の寿命をはるかに超えて、生きながらえるのである。口柄単独となっても、摂食と生殖のどちらもできるからだろう。

実際に、このような口柄にアルテミア幼生の肉片を柄付針で近づけてやれば、自力で飲みこんだし、ほかの個体と生殖もしたのである。

ただ、この口柄も、やがて寿命は尽きる。

口柄は95パーセント以上が水でできているので、最期はクラゲと同様、跡形もなく消滅してしまう。結果としては、最長でクラゲ1個体の寿命（約3ヶ月）の2倍ほど生きられるようだ。

逆の言い方をすれば、口柄は、延命はできるけれども若返ることはできないということである。

切り離された口柄をいくら飼育しても、若返ることはない。一方、口柄を切り離したクラゲの方は肉団子状になって若返るし、たとえクラゲが口柄を切り離さなくても肉団子状になればその時点で口柄は消滅するのだ。

つまり、ベニクラゲは、寿命のある口柄と、不老不死のそれ以外の組織が別々にセットされていることが確かめられたのである。

ただ、こんな特例もある。

ベニクラゲの口柄が切り離されないまま、口柄以外の若返りが進行し、元の体（口柄）と若返った新しい体（ポリプ）が合体した形となったのだ（口絵16）。口柄は自ら餌を捕らえて食べ、同時に有性生殖も行った。おかげで、若返ったポリプが成長していく脇で、口柄は次世代のプラヌラ幼生を誕生させ、親として自分の遺伝子の半分を子どもに伝えることができたわけである。

①若返り、②子孫づくり、③寿命の全う。これらすべてを実行した、ほかの動物には到底真似できない生き方だ。そしてクローンづくりもだ。

おそらくこの特異現象は、弱ったクラゲが口柄を切り離そうとしたものの、うまくいかなかった例にすぎない。口柄上にあるフワフワしたスポンジ状の組織が、口柄を切り離すまいとしているのかもしれないが、そういった海綿状の組織がないからといって口柄を切り離す確率が上がるかどうかはわからない。

いずれにせよ、口柄の延命とそのほかの組織の若返りが同時に起こるのであれば、それが一番繁殖の確率を上げる方法に違いない。どうせ口柄は若返りに直接関係していないのだろうから、口柄を切り離して単独で寿命を延ばしてもらい、有性生殖してもらった方がベニクラゲとしてもありがたいはずだ。口柄を切り離すように進化するのが妥当なように思える。

しかし、なぜか、自然の海からどれだけベニクラゲを採っても、口柄がないベニクラゲはほとんど見当たらない。やはり、クラゲは1つの国であり、口柄だけで独立しようという運動は起こらないのだろうか。

ベニクラゲの進化の謎は、深まるばかりである。

Column 7
クラゲ研究は飼育が肝心

ベニクラゲの若返りを複数回成功させているのは、世界でわたしただ一人だ。

その大きな理由は、そもそもクラゲの「飼育」をうまくできる研究者が少ないらしいことにある。

実験室内の環境が整っていなかった昔、ポリプもクラゲも長期間飼育することは困難だった。ポリプがクラゲを出す前に、あるいは親クラゲから生まれたプラヌラ幼生が初期ポリプになる前に、死んでしまったのである。飼育ができないことで、ポリプとクラゲの関係を結べず、しかたなく研究が分かれていたのだ。

では、さまざまな実験器具が用意され、快適な環境が整った今、クラゲの飼育が簡単になったかというと、必ずしもそうではない。いくつかの基本的なルールを守るだけでなく、細かな配慮を絶やさずに毎日世話をしてやる根気強さがなければ、

ベニクラゲの飼育の様子

飼育は到底できないのだ。

クラゲとポリプを結びつける研究に明け暮れていた修士生のころ、ますますわたしの飼育の技には磨きがかかった。その飼育の本質は、とにかく自然状態に近づけること。

まず、その種の生息温度や実験時の季節によって、飼育している水の温度を細かく調整するのだが、ほとんど勘の世界である。経験がものをいうのだ。

水流も、蛇口から水を流しっぱなしにしたり、エアレーションをしたりと、さまざまなバリエーションを考える。特に、ポリプや一部のクラゲは、水流がないと生きていけないので、うっかり蛇口を閉めたままにしてしまった、エアレーションの電源を切ってしまった、などということがないようにしなくてはならない。

水を清潔に保つために、周りを暗くして藻の繁茂を防ぐといった気遣いも必要である。それでも飼育容器の底には藻がいつの間にか生えてくるので、ひっきりなしに削り取ってやる努力も怠ってはならない。

さらに、クラゲ世代は、空気に触れると表面張力につかまって破裂してしまう。そのため、空気を入れないように小さな容器の中に密閉するなど、止水飼育のときには配慮するのが、クラゲを長生きさせるコツになる。

しかし、なんといっても、クラゲを飼う中で一番大変なのは、ポリプへの餌やりである。ポリプはクラゲに比べてお食事に敏感だ。わたしの場合、アルテミアという小さなエビを餌として使っているが、もともと自然の海で食べているものとは異なるためか、種類によってはこれを食べてくれない。また、アルテミアは悠々と泳げないのだが、ドーンと勢いよく体に当たってこないものは餌だと認識しないポリプもいる。しかも、アルテミアは栄養価が高い分、ポリプに食べさせすぎるとお腹を壊して死んでしまうことも結構ある。

それに輪をかけるかのように、ベニクラゲのポリプは小さい。もちろん、いくらポリプが小さくても、自然の海にはそれよりももっと小さいプランクトンがうようよしているので、餌には困らないだろう。しかし、実験室で人工的に飼うのであれば、こちらが餌をとてつもなく細かくして与えてやるしかない。ステンレスの針をもとにしたお手製の柄付針を両手に持って、二刀流でアルテミア幼生をひたすら細かく切り刻み、離乳食を与えるがごとく丁寧にポリプの口へ運んでやるのだ。

とにかく、ベニクラゲの飼育は、通常のクラゲよりもはるかに大変なのである。

これで呆気なく死なれた日には、愛情も憎しみに変わろうかというところである。言うことを聞かないであまりにもあっさり逝ってしまうものだから、世話のし甲斐もない。もうだめだ、見放してやろうかと思うときもある。

それでも、やはり不老不死の夢は捨て難く……。結局今も、自分勝手なベニクラゲたちのお世話を甲斐甲斐しく焼き続けている。

ちなみに、1回の若返りが確認されたヤワラクラゲも、おそらく努力して飼育をすれば何回でも若返るはずだ（口絵14）。ただし、その飼育の道のりは険しい。ヤワラクラゲのポリプはなんとキチン質の殻でフタをされているのである。

何が問題かというと、排泄だ。ポリプは通常、自身の排泄物を水流というウォシュレットで洗い流している。口と肛門が同じなので、そうしなければあっという間に窒息してしまうのだ。

通常のポリプでさえ排泄はデリケートなのに、ヤワラクラゲのポリプにはさらにフタが付いているというのである。つまり、このポリプは、フタを外して獲物を捕らえたあとフタが閉まってしまうため、なかなかうまく排泄ができないだろうと予測されるのだ。まさにトイレにフタ。

ヤワラクラゲの飼育には、相当な覚悟が必要だ。

第5章

人間は不老不死になれるのか

死の起源、不死の起源

動物ははるか昔、単細胞から多細胞へと進化を遂げた。性を獲得したおかげで、異なった遺伝子型の子孫を残せるようになったのだ。環境の変化が起ころうとも、高い確率で種が生存できるようになったわけである。

ただ、性を獲得すると同時に、手放したものもある。それが、「無限の命」だ。

無性生殖では、自らのクローンを増殖させ続けることで、永久に命を保つことが可能だった。

しかし、有性生殖を行って子孫を残すようになってから、動物の命は「寿命」という終わりを迎えることになってしまった。多細胞動物にとって、「死」は逃れられない宿命になったわけである。単細胞から多細胞への進化は、はたして正解だったのだろうか。

有性生殖をして新たな命をつないでいくあり方、その代わり自らは老いて朽ち果てていくあり方は、動物にとって望ましいあり方なのだろうか。

そんな中、福音のごとく登場したのがベニクラゲだ。有性生殖をする多細胞動物であるにもかかわらず、永遠の命を謳歌している奇跡の種である。

ここまで、あらゆる言葉を尽くしてベニクラゲの神秘について語ってきたが、こんな風に思う人もいるかもしれない。

「ベニクラゲの不老不死のメカニズムがわかったところで、人間となんの関係があるの？」

ベニクラゲが死なずに若返るからといって、人間が不老不死になれるわけではない。ベニクラゲと人間は、あまりにも異なる生命体だから、というわけである。

万一、そんな疑問が頭をよぎってしまった人がいれば、今ここでその考えを改めてほしい。

なぜなら、ベニクラゲと人間は「あまりにも異なる生命体」ではないからだ。

ベニクラゲと人間のつながり方

現在、この地球上で生きる動物は、約１４４万もの種類がいる。そして、このすべての動物は、たった約40の動物門にまとめられてしまう。

しかも、これらの動物のほとんど（約95パーセント）が海に生息しており、海でしか見られない門は半数以上にのぼる。わたしたちがおそらく日常的に見ることのないだろう世界にこそ、多様多彩な生き物が存在しているわけである。

そして、目に見えたり見えなかったりするが、食物連鎖などを通じてお互いが深く結びついている。ベニクラゲの属する刺胞動物門と、人間が含まれる脊索動物門（あるいは脊椎動物門）も、進化の糸をたぐればしっかりとつながっているのである。

門の分類にあたって、基本的なことは名前を付けることである。わたしたちは、自分たちの姓名と同じように、動物たちに名前を与えてきた。

名前は、ある動物が誕生してから滅びるまでの歴史、系統発生を完全に反映したものが理想的だ。しかし、その解明は難しく、個体変異のまとまりである種の決定でさえも、簡単にはいかない。

これではいつまで待っていても分類がかなわないため、とりあえずの名前を考えるのである。特定の時と場所に生息する少数個体を代表と考え、これらが共通して持つ生物学的特徴によって近似種との違いを明らかにしながら、種名を付ける。そして、近い特徴を持つグループと一緒にして、少しずつ大きなまとまりに含めていくのである。たとえば、人間は動物分類学上、ヒト・ヒト属・ヒト科・サル目・哺乳綱・脊索動物門という風に、だんだん多くのほかの動物たちとともにまとめられていく。一番大きな分類の単位が門なのだ。

動物門の類縁関係を整理し、系統発生を推測してみれば、動物の祖先に限りなく近いところに、刺胞動物門がある。これが、『『生命の樹』の根元にいるのは刺胞動物」という意味だ。人間が属する脊索動物門も、この生命の樹につながっているのである。

とはいっても、刺胞動物門のベニクラゲと、脊索動物門の人間は、結局のところ、樹の根元と枝葉の関係だ。末端と先端、両極端ということになる。多細胞動物ということ以外に両者につながりなんかないじゃないかという声も聞こえてきそうである。

しかし、わたしは、ベニクラゲと人間の距離は、決して遠くはないと思っている。なぜなら、遺伝子構成がそれほど違わないからだ。

2003年に完了したプロジェクトで、人間のゲノムの遺伝子数は約2万2000だと判明した。

これはかなり意外な結果だった。もともと推測されていた人間のタンパク質コード遺伝子は10万。それに比べてはるかに少なく、ニワトリなどとほぼ同じだったのだから、衝撃を受けるのも無理はない。

一方、2005年に発表された刺胞動物のゲノム解析では、逆の驚きがあった。サンゴ類が、かつて想像されていたよりもはるかに複雑なゲノムを持つことが判明したのだ。見つかった遺伝子数は約2万3700である。

これが意味しているのは、体制では相当な開きがあるのにもかかわらず、刺胞動物も人間も、たいして変わらない数の遺伝子を持っているということだ。脊椎動物のような、高等なつくりになったところで、新しい遺伝子がたくさん増えているわけではないのである。動物の「基本形」である刺胞動物を少し修飾するだけで、人間などの複雑な動物も生まれてくるのだ。

さらに、遺伝子レベルで見れば、クラゲと人間の距離は、昆虫と人間の距離よりも近い。というのも、昆虫はそもそも「基本形」から遺伝子がかなり修飾されている可能性が高い上に、昆虫と人間の「基本形からの特殊化」のベクトルは、相当異なっているようだからだ。

ベニクラゲと人間は「あまりにも異なる生命体」では決してないのである。

ベニクラゲと人間の遺伝子構成は、それほど違わない。

だとすると、ベニクラゲの若返りのメカニズムがわかれば、人間も永遠に老いずに生き続ける術を手に入れられるかもしれない。

若返りのメカニズム

ベニクラゲが「なぜ」若返るのかについては、いまだにはっきりとわかっていない。iPS細胞や幹細胞が関与しているのかもしれないが、そうだとしても、どれだけの影響をどのように及ぼしているのかは明らかではないのだ。

ただ、細胞の分化転換が起こっていることは、多少なりとも突き止められたといえる。

要するに、細胞が用途に合わせて生まれ変わることができるのだ。おとなのベニクラゲは、クラゲ細胞の働きを停止させ、再分裂させていく。分裂した細胞は、ポリプ細胞に変化を遂げていき、すべてがポリプ細胞になればポリプを形づくることができる。

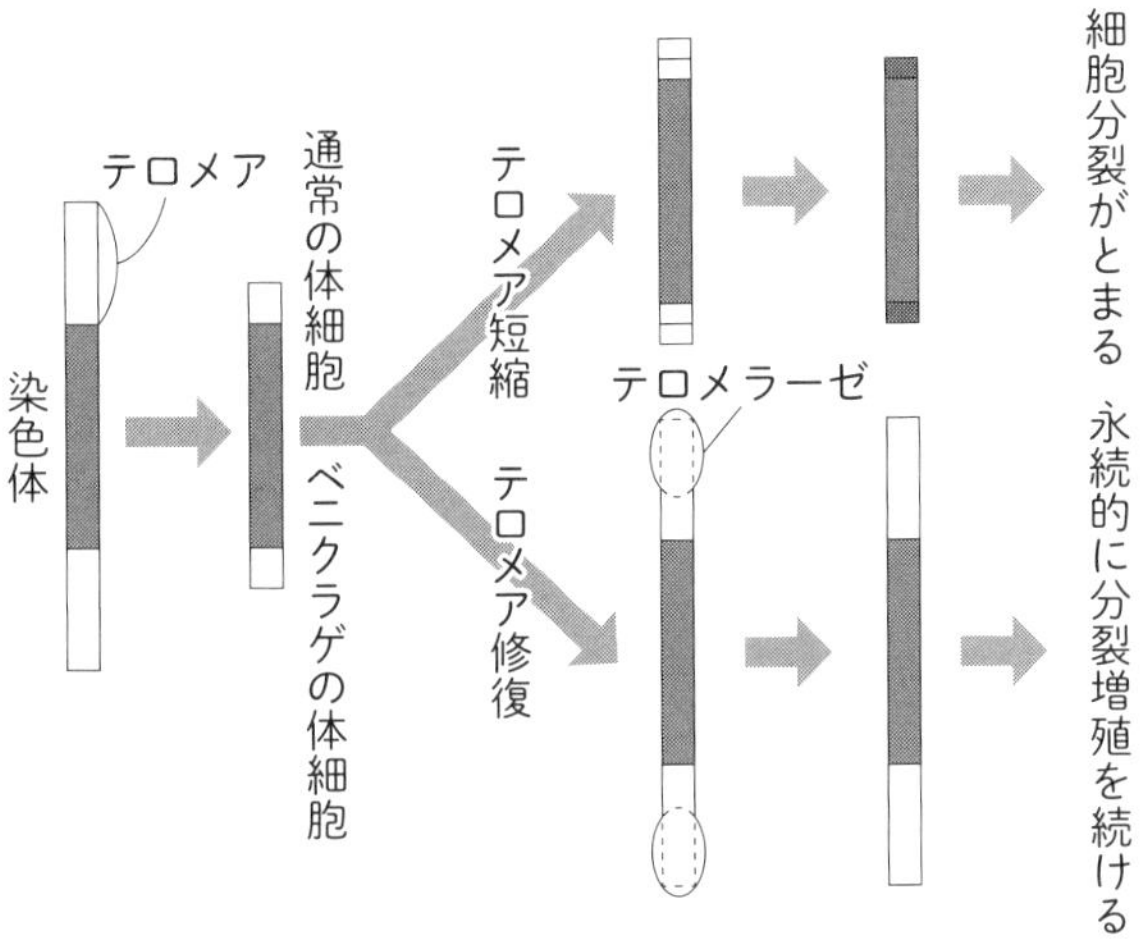

テロメアの修復

通常、一度分化をしてしまえば、細胞が分裂することはない。しかし、ベニクラゲは、分化し終わった細胞を再び分裂させる上に、その細胞を別のものに変化させていくのである。

なぜ、このように細胞分裂をくり返すことができるのか。それには、染色体の「テロメア」が大きく関わっていると考えられている。

すべての動物細胞の染色体の末端には、テロメアと呼ばれる、細胞分裂の回数を制限している部分がある。通常の細胞は、分裂をくり返すごとにテロメアが短くなっていき、最後には分裂できなくなる。要するに、テロメアという細胞分裂のための回数券を使い果たしてしまうのだ（ヘイフリック限界）。

ベニクラゲの染色体にも、テロメアがある。しかし、ベニクラゲはどうやら無制限に細胞を分裂させることができるらしい。ここから推測されるのは、テロメアを修復させ、常に同じ長さに保つようにするシステムが、ベニクラゲの内部に確立されているのだろうということである。分裂ごとに短くなっていくテロメアは、酵素などで再生させることができるのかもしれない。

この特別なシステムを作動させるために、遺伝情報にまで働きかけて若いときの遺伝子を読みなおし、細胞を変化させるようなしくみが整えられている可能性もある。そして、そのしくみが働くのは、わたしが観察してきたように、「命の危機」にさらされたときなのだろう。

永遠の生を得るために必要なこと

最近、ベニクラゲ以外のクラゲでも、たった1回ではあるが、若返りが報告された。ヤワラクラゲという、ヒドロ虫綱のクラゲである。いずれにせよ、ベニクラゲ以外にも「若返る」動物はいたということである。

鉢虫綱に属し、世界中にいるあのミズクラゲでさえ若返ったという、最近の中国の研究もある（口絵15）。ならば箱虫綱は、十文字虫綱はどうなのだろう？　まだほかにも、若返る種がかなりの高確率で存在するはずだ。もしかすると、クラゲには限らないかもしれない。多細胞動物の不老不死というものが、単なる夢物語ではないことが証明されつつあるのである。

人間のゲノムは１００パーセント解読された。ベニクラゲのゲノム解読の進捗状況は、約70パーセント。人間が持っていなくてベニクラゲが持っているものが、不老不死の鍵を握っている可能性が高い。

では、それが解明されたとして、どうやって応用できるだろうか。青カビからでさえ、人間に応用できるペニシリンという薬をつくることができる。ベニクラゲからも、何らかの不老不死に関連するタンパク質を抽出すれば、人間に役立てられる可能性はあるだろう。もし、ベニクラゲの刺胞の毒が強ければ、毒を転じて製薬とする研究が発展したかもしれない。いずれにせよ、人間に適用させる方法は存在するはずだ。


しかし、わたしたち人間が不老不死に値するかどうかは別問題である気もしている。おそらく人間は知性をもって、ベニクラゲの若返り能力を手に入れ、生物学的な不死を達成するだろう。それでも、わたしたちは自然を破壊し続ける。目に見えるところでも見えないところでも、ほかの生物に迷惑をかけながら生活するのを止めない。現段階の人間にとって、ほかの種の命を考慮して自制することは、大きな困難を伴うはずだ。このように、地球上の隣人を蔑ろにして永遠に居座り続けることに、はたして価値が認められるだろうか。

わたしたちにまず必要なのは、「心の進化」かもしれない。自らの体を変えて環境の変化に対応してきたほかの生物と異なり、わたしたちは自然やほかの種の命を改変して生きながらえてきた。その自覚が、はたして足りているだろうか。

ベニクラゲという小さな命のために用意された、若返り能力という最強の武器。

わたしたちはそれを手にする資格を持っているかどうか、今一度問うてみる必要があるのかもしれない。

Column 8

おとなりの動物住民たち

現在の地球上にはおおよそ144万種もの動物が生きている。そして、それらはたった約40の動物門に教育的配慮から分類できるのだ。

門に関する細分法は、算数のように明確に答えがあるわけではない。種の分類でさえも一筋縄ではいかないのを考えれば、当たり前だ。タイムマシンの助けでも借りないかぎり、単純な体つきのものから高等生物の人間にいたるまでの全進化の歴史を、動物門の分類に完全に反映することはできないだろう。

たとえば、その時代の研究の潮流によって、袋形動物門を多数の門として独立させたり、逆に、尾索動物門・頭索動物門・脊椎動物門を合わせて1つの脊索動物門とまとめたりする。また、舌形動物門をはじめ、甲殻動物門、鋏角動物門、単肢動物門を、一度独立させたあと再びまとめて節足動物門に戻すようになってきている。さらには、原生動物門は、動物の仲間である動物界には入れず、原生生物界という別の界に分類されることも多くなってきた。

どんな条件を門の分類に反映させるのかは、常に揺らいでいるのである。今後も、このような変化は絶え間なく続くはずだ。

すべての門の動物を、まんべんなく実際に見たり触ったりした人間は、この世にだれ一人としていない。

しかし、わたしたちは地球における1つの共同体。複雑な食物連鎖や共生・寄生関係を通じて、各々の動物門とお互いに深くつながり合って生きてきた。毎日挨拶をする近所の隣人や、行きつけの店のマスター、一緒に仕事をする同僚、遊びに付き合ってくれる友人、遠く離れていてもいつも温かく支えてくれる家族。それと同じくらい身近な距離にいる動物たちに気づくことが、人間の心を進化させる一歩目なのかもしれない。

Column 9 奇形のベニクラゲが発生中!?

2011年3月11日の巨大地震による原子力発電所の破壊で、今でも放射能の影響下にある福島県いわき市沿岸は、2種のベニクラゲ類（ベニクラゲとニホンベニクラゲ）が同時期に採集される珍しい場所だ。

この地で、2016年と2017年の2年連続、肉眼でもわかるほどの奇形ベニクラゲが少なからず発見された（口絵17）。さらに、この海域より約50キロ南方の茨城県の北端海域でも、同様のベニクラゲが2017年に出現したのである。

茨城県大津港で無作為に採集したベニクラゲでは、雌雄合わせて142個体中の18・3パーセントが奇形だった。奇形率は雌雄で大差ない。

特に、通常4つで十字状になるはずの口唇が3つしかないような個体が多かった。

ほかにも、口唇4つのうちの1つが小さくなっていたり、そもそも口唇が2つしかなかったり、あるいは全くないものもあった。かと思えば、口唇が5つのものも見つかるありさまである。口唇に異常がなくても、口柄がねじれているものもあった。

一方、福島県いわき市アクアマリン福島の前海で採集したベニクラゲは、雌雄合わせて45個体中の20・0パーセントが奇形であった。これは2016年に調べた奇形率よりも7パーセント高い値である。

ここでも、雌雄の奇形率はほぼ同じで、口唇が3つしかない個体が多かった。そのうち、メス1個体の奇形具合が最もひどく、口柄が二分割されており、各々に1つと2つの口唇のみが形成されていた。ほかに見つかったのは、十字状の4つの口唇のうち2つが小さくなっている個体や、口柄が曲がっている個体などである。

このように、福島県と茨城県産のベニクラゲには、奇形が少なからず、同様の比率で発生していた。東日本大震災で、原子力発電所の放射能漏れの影響によって本事象がもたらされたのであれば、忌々しい問題だろう。

同じヒドロ虫綱のコノハクラゲでも、成長異常が原発事故直後に観察されている。蝶のヤマトシジミの事例のように、放射能の影響を実証する研究が、今後、刺胞動物のさまざまな分類群においても望まれるところだ。

おわりに

わたしは、55歳になったころ、「恐怖」を体験した。

その年は、わたしにとってストレスの多い時期だった。視力が一気に低下し、髪の毛が抜け始めたのである。メガネが原因だと思う。頭をぐるりとバンドで巻いて着用していたが、レンズを上下させる度にバンドでこめかみあたりの髪の毛がすり減っていった。もちろん、わたしの髪の毛もまだ再生能力があったから、再び生えてきた。しかし、それはすべて真っ白だったのだ。浦島太郎なみの衝撃である。

わたしは、おそろしい一生分の1年を過ごした。歳を取ったのだ。

自分が老いていくことを、むざむざ認めてしまいたくはなかった。若返りたい。ベニクラゲのように、不老不死の人間になりたい。生物進化の謎を解き明かすには、時間はまだまだ足りない……。

そんなとき、わたしは不死のクラゲ人間「ベニクラゲマン」に変身することにした。ベニクラゲマンは歌をつくって歌う。ベニクラゲTシャツに実験用の白衣を重ね、手には紅色の手袋、紅色のサングラスをかけ、紅色の帽子からは紅色の触手を垂らす。ベニクラゲマンのコスチュームを着ている間、わたしは不老不死の夢を見ている。願わくば、この夢がいつまでも覚めぬように……。

ベニクラゲと本格的につきあい始めてから、はや20年が過ぎた。正直なところ、ベニクラゲは「従順なよい子」では決してない。わがまま放題の気分屋さんだ。飼育は、気の遠くなるような細かい作業の連続である。こんなに尽くしてやっているのに、どうしてそれに報いてくれないのか。憎らしく思えることも、たまにはある。

しかしやはり、不老不死のベニクラゲの存在があったからこそ、自分の人生に希望が持てていて、喜びひとしおなのも事実である。

本書の企画を提案されたのは、毎日新聞出版の山田奈緒美さんだ。

ときは京都大学の瀬戸臨海実験所を退職する間際。新研究所開設に向けての作業も気にかかる、不安定なころではあったが、ついついお引き受けしてしまった。

それから猛烈に多忙な時期が来て、月日があっという間に過ぎていった。なかなか執筆の進まないわたしだったが、山田さんの並々ならぬ叱咤激励を受けて、なんとか筆を擱《お》けた。これまで40年あまりの研究人生を振り返ることができたと思う。

今、新研究所設立とともに、ベニクラゲの若返りのように、折り返しで人生を有意義に過ごせていることを深謝している。

この本が、1人でも多くの方に夢と希望を与えてくれることを願ってやまない。

2018年11月

久保田信

主要参考文献

書籍

◆久保田信『神秘のベニクラゲと海洋生物の歌〝不老不死の夢〟を歌う』紀伊民報、2005年
◆ジェーフィッシュ『クラゲのふしぎ 海を漂う奇妙な生態』技術評論社、2006年
◆久保田信『宝の海から白浜で出会った生き物たち』紀伊民報、2006年
◆久保田信『地球の住民たち 動物篇 ミラクルアニマルアース』紀伊民報、2007年
◆久保田信『魅惑的な暖海のクラゲたち 田辺湾（和歌山県）は日本一のクラゲ天国』紀伊民報、2014年
◆峯水亮・久保田信・平野弥生・ドゥーグル・リンズィー『日本クラゲ大図鑑』平凡社、2015年

論文

◆河村真理子・久保田信『和歌山県田辺湾におけるベニクラゲ（ヒドロ虫綱、花クラゲ目）のクラゲ世代の季節消長』日本生物地理学会会報、60：25―30、2005年
◆久保田信・北田博一・水谷精一『福島産ベニクラゲ（ヒドロ虫綱、花クラゲ目）のクラゲの生物学的

観察』日本生物地理学会会報、60：39—42、2005年
◆久保田信『日本産ヤワラクラゲ（刺胞動物門、ヒドロ虫綱、軟クラゲ目）の生活史逆転』日本生物地理学会会報、61：85—88、2006年
◆久保田信『和歌山県初記録のベニクラゲ（ヒドロ虫綱、花クラゲ目）のポリプ』日本生物地理学会会報、66：233—234、2011年.
◆久保田信『日本産3種のベニクラゲ（ヒドロ虫綱、花クラゲ目）の若返り率の相違、日本生物地理学会会報、68：139—142、2013年
◆久保田信『老衰したニホンベニクラゲ（ヒドロ虫綱、花クラゲ目）の若返り』日本生物地理学会会報、70：189—191、2015年
◆久保田信『ニホンベニクラゲ（ヒドロ虫綱、花クラゲ目）の放卵』日本生物地理学会会報、71：277—279、2017年
◆久保田信・北田博一・菅野和彦『放射能の影響下にある福島県と茨城県産ベニクラゲとニホンベニクラゲ（ヒドロ虫綱、花クラゲ目）の奇形』日本生物地理学会会報、72：219—222、2018年
◆Bavestrello, Giorgio, Sommer, Christian and Sará, Michelle. "Bi-directional conversion in *Turritopsis nutricula* (Hydrozoa)" Scientia Marina, 56 (2-3): 137-140. (1992)
◆Piraino, Stefano, Boero, Ferdinando, Aeschbach, Brigitte and Schmid, Volker. "Reversing the life cycle: medusa transforming into polyps and cell transdifferentiation in *Turritopsis nutricula* (Cnidaria, Hydrozoa)" Biological Bulletin, 190: 302-312. (1996)
◆Kubota, Shin. "Repeating rejuvenation in *Turritopsis*, an immortal hydrozoan (Cnidaria, Hydrozoa)" Biogeography, 13:101-103. (2011)

写真提供　久保田信、新江ノ島水族館（P013、037、041）

本文イラスト　高田真弓

装幀・カバーイラスト　鈴木千佳子

著者略歴

久保田信

くぼた・しん

1952年愛媛県生まれ。海洋生物学者。愛媛大学理学部卒、北海道大学大学院理学研究科修了。北海道大学理学部助手・講師、京都大学フィールド科学教育研究センター准教授を経て、現在は、自ら設立したベニクラゲ再生生物学体験研究所所長。クラゲをはじめとした刺胞動物門ヒドロ虫綱の系統分類学を専門とする。著書に、『神秘のベニクラゲと海洋生物の歌“不老不死の夢”を歌う』『宝の海から 白浜で出会った生き物たち』『地球の住民たち 動物篇 ミラクルアニマルアース』(以上、紀伊民報)、『クラゲのふしぎ 海を漂う奇妙な生態』(共著、技術評論社)、『日本クラゲ大図鑑』(共著、平凡社)など30冊以上。ベニクラゲや各動物門を題材にした楽曲を70曲リリースしており、「ベニクラゲ音頭」などの代表曲がある。

HP：https://benikurage2018.com

不老不死《ふろうふし》のクラゲの秘密《ひみつ》

印　刷　2018年12月10日
発　行　2018年12月30日

著　者　久保田信《くぼたしん》
発行人　黒川昭良
発行所　毎日新聞出版
〒102-0074　東京都千代田区九段南1-6-17　千代田会館5階
電　話　営業本部　03-6265-6941
図書第一編集部　03-6265-6745
印刷・製本　光邦

　ISBN978-4-620-32561-3